FRANKFURTER GEOWISSENSCHAFTLICHE ARBEITEN

Serie D · Physische Geographie

Band 5

Relief, Gestein und Boden im Gebiet von Conceição dos Correias (S-Brasilien)

von

Heinz Veit und Helga Veit

Herausgegeben vom Fachbereich Geowissenschaften
der Johann Wolfgang Goethe-Universität Frankfurt
Frankfurt am Main

| Frankfurter geowiss. Arb. | Serie D | Bd. 5 | 98 S. | 18 Abb. | 10 Tab. | 1 Karte | Frankfurt a.M. 1985 |

ISSN 07173-1807
ISBN 3-922540-11-2

Schriftleitung:

Dr. Werner-F. Bär
Institut für Physische Geographie der Johann Wolfgang Goethe-Universität,
Senckenberganlage 36, Postfach 11 19 32, D-6000 Frankfurt am Main 11

CIP-Kurztitelaufnahme der Deutschen Bibliothek

Veit, Heinz:

Relief, Gestein und Boden im Gebiet von
Conceição dos Correias (S-Brasilien) / von
Heinz Veit u. Helga Veit. - Frankfurt a. M.:
Inst. für Phys. Geographie d. J. W. Goethe-Univ.,
1985.
  (Frankfurter geowissenschaftliche Arbeiten:
  Ser. D, Physische Geographie; Bd. 5)
  ISBN 3-922540-11-2

NE: Veit, Helga:; Frankfurter geowissenschaftliche
Arbeiten / D

A l l e   R e c h t e   v o r b e h a l t e n

ISSN 0173-1807
ISBN 3-922540-11-2

Anschrift der Verfasser:
Heinz und Helga Veit, Gustav-Adolf-Straße 1, 8580 Bayreuth

Bestellungen:

Institut für Physische Geographie der Johann Wolfgang Goethe-Universität,
Senckenberganlage 36, Postfach 11 19 32, D-6000 Frankfurt am Main 11

Druck: aku Fotodruck GmbH, D-8600 Bamberg

Vorbemerkung

Die vorliegende Arbeit enthält Ergebnisse zweier Diplom-Arbeiten, die im Kristallingebiet westlich Curitiba (Paranâ) ausgeführt wurden. Aufgrund eigener Erfahrungen erschien es mir dringend erforderlich, eine großmaßstäbige Kartierung von Relief, Gestein und Boden anzuregen, um die Zusammenhänge zwischen diesen den natürlichen Standort bestimmenden Faktoren an einem ausgewählten Beispiel aus den immerfeuchten Subtropen mit hinreichender Genauigkeit zu ermitteln. Da ähnliche Verfahren bisher in diesem Gebiet nicht praktiziert worden sind, ist es sicher sinnvoll, die Ergebnisse der Diplom-Arbeiten zu publizieren und damit einem größeren Kreis den Zugang zu Befunden zu ermöglichen, die nicht nur von lokaler Bedeutung sind, sondern darüber hinaus auch eingehendere Einblicke in vieldiskutierte Problemstellungen der Physischen Geographie und benachbarter Disziplinen in den immerfeuchten Subtropen gestatten.

Frankfurt a.M., im März 1985   Arno Semmel

Vorwort
========

Unser aufrichtiger Dank gilt Herrn Prof. Dr. A. Semmel, der diese Arbeit anregte und betreute und in zahlreichen Diskussionen wertvolle Hinweise und Hilfestellungen gab. Seinem Einsatz ist auch die Aufnahme in die Reihe der "Frankfurter geowissenschaftlichen Arbeiten" zu verdanken.

In diesem Zusammenhang sei dem Schriftleiter Herrn Dr. W.-F. Bär für seine Mühe gedankt.

Herrn Prof. Dr. J. J. Bigarella sind wir für die einführenden Geländebegehungen, die vielen Gespräche und nicht zuletzt wegen der freundlichen Aufnahme zu großem Dank verpflichtet.

Für die Beschaffung von Landkarten und Luftbildern, sowie für die fortwährende praktische Unterstützung in Brasilien danken wir Frau T. M. Costa und Herrn E. Passos.

Frau U. Bursian und Frau D. Bergmann-Dörr danken wir für die Reinzeichnung der Karte und für die Hilfe bei Laborarbeiten.

Nicht zuletzt gebührt auch Dank unseren Eltern, die durch die finanzielle Unterstützung und ihr Verständnis in den Jahren des Studiums diese Arbeit überhaupt erst ermöglichten.

Mit großer Freude widmen wir diese Arbeit unserer Tochter Hanna.

Bayreuth, im März 1985   Helga und Heinz Veit

Inhaltsverzeichnis

	Seite
1 EINLEITUNG	11
2 LAGE DES ARBEITSGEBIETES	13
3 ARBEITSMETHODEN	15
4 GEOLOGISCHER AUFBAU DES 1. PLANALTOS VON PARANÁ	17
4.1 Überblick	17
4.2 Migmatite und Acungui-Serie	18
4.3 Basalte	19
4.4 Quartäre Sedimente	20
5 KLIMA	22
5.1 Temperatur- und Niederschlagsverteilung	22
5.2 Wind- und Luftdruckverteilung	24
6 VEGETATION	26
6.1 Potentielle natürliche Vegetation	26
6.2 Heutiges Vegetationsbild	27
6.2.1 Sekundärwälder	27
6.2.2 Macega und Samambaia	28
6.2.3 Aufforstungen	29
6.2.4 Landwirtschaft	30
7 MORPHOGENETISCHE PROZESSE IM KÄNOZOIKUM	32
7.1 Tertiär und Pleistozän	32
7.2 Der jungpleistozäne Formenkomplex	36
7.2.1 'Decklehm' und Steinlagen	36
7.2.2 Terrassen	43
7.2.3 Karsterscheinungen	47
8 BÖDEN	49
8.1 Bodenentwicklung im autochthonen Gesteinszersatz	49
8.2 Bodenentwicklung im Decklehm	51

Seite

8.3 Die Bodeneinheiten 55
 8.3.1 Syrosem aus Kalkstein 55
 8.3.2 Ranker aus Phyllit, Glimmerschiefer oder Migmatit 55
 8.3.3 Ranker aus Kolluvium 57
 8.3.4 Braunerde aus Quarzit 58
 8.3.5 Rotlehme aus Migmatit, Dolomit oder Basalt 58
 8.3.6 Parabraunerden und erodierte Parabraunerden aus Decklehm über Phyllitzersatz 60
 8.3.7 Parabraunerden und erodierte Parabraunerden aus Decklehm über Rotlehm aus Migmatit, Glimmerschiefer oder Metakonglomeraten 61
 8.3.8 Parabraunerden und erodierte Parabraunerden aus Decklehm über umgelagertem Rotlehm über Dolomit oder Kalkstein 63
 8.3.9 Auenböden und Gleye 65
 8.3.10 Niedermoor 66
 8.3.11 Tabellen der Laboranalysen 67

9 TYPISCHE CATENEN DES ARBEITSGEBIETES 76
 Typical catenas of the area under investigation 78

10 ZUSAMMENFASSUNG 86
 Summary 87
 Resumo 88

11 LITERATURVERZEICHNIS 91

BEILAGE
Karte 1:10 000 des Untersuchungsgebietes: "Relief, Gestein und Boden im Gebiet von Conceição dos Correias (S-Brasilien)"

Abbildungsverzeichnis

		Seite
Abb. 1	Lage des Arbeitsgebietes	13
Abb. 2	Klimadiagramm von Curitiba	22
Abb. 3	Jährliche Windverteilung der Station Curitiba	22
Abb. 4	Schematische Abfolge der unterschiedlichen Erosions- und Sedimentationsniveaus	35
Abb. 5	Schematisches Bodenprofil einer erodierten Parabraunerde (Acrisol) aus Decklehm über Rotlehm aus Migmatit	39
Abb. 6	Deckschichten-Entwicklung im Bereich einer Basaltkuppe	40
Abb. 7	Schematisches Profil einer Terrassentreppe im Bereich des Rio Conceição	44
Abb. 8	Decklehmbildung im Bereich der metamorphen Gesteine	52
Abb. 9	Decklehmbildung in Basaltgebieten	53
Abb. 10	Bodenkennwerte einer Parabraunerde aus Decklehm über Phyllitzersatz	62
Abb. 11	Bodenkennwerte einer Parabraunerde aus Decklehm über Rotlehm aus Migmatit über Migmatitzersatz	62
Abb. 12	Relief- und Bodenentwicklung auf Migmatit	80
Abb. 13	Relief- und gesteinsbedingte Bodenabfolge im Phyllitgebiet	80
Abb. 14	Relief- und gesteinsbedingte Bodenabfolge im Phyllitgebiet	81
Abb. 15	Relief- und gesteinsbedingte Bodenabfolge auf Dolomit	82
Abb. 16	Relief- und gesteinsbedingte Bodenabfolge auf Kalkstein	83
Abb. 17	Querschnitt im Bereich einer Karstrandebene	84
Abb. 18	Schematischer Querschnitt durch das Tal des Rio Conceição	85

Tabellenverzeichnis

Seite

Tab. 1 Klimadaten der Station Curitiba 23
Tab. 2 Parallelisierung der unterschiedlichen Terrassenniveaus 45
Tab. 3 Bodenchemische Werte und Korngrößenverteilung eines Rankers aus Phyllit 68
Tab. 4 Bodenchemische Werte und Korngrößenverteilung einer Braunerde aus Quarzit 69
Tab. 5 Bodenchemische Werte und Korngrößenverteilung eines Rotlehms über Dolomit 70
Tab. 6 Bodenchemische Werte und Korngrößenverteilung eines Rotlehms aus Basalt 71
Tab. 7 Bodenchemische Werte und Korngrößenverteilung einer Parabraunerde aus Decklehm über Phyllitzersatz 72
Tab. 8 Bodenchemische Werte und Korngrößenverteilung einer Parabraunerde aus Decklehm über Rotlehm aus Migmatit über Migmatitzersatz 73
Tab. 9 Bodenchemische Werte und Korngrößenverteilung eines Braunen Auenbodens 74
Tab. 10 Bodenchemische Werte und Korngrößenverteilung eines Gleys 75

1 Einleitung

Das Kristallingebiet Süd-Brasiliens wurde schon mehrfach durch relativ weitgespannte Übersichtkartierungen bodenkundlich-geomorphologisch bearbeitet (SEMMEL 1978; SEMMEL & ROHDENBURG 1979; ROHDENBURG 1982). Geomorphologische Pionierarbeit im brasilianischen Raum hat vor allem BIGARELLA geleistet (u.a.: BIGARELLA 1964; BIGARELLA & MOUSINHO 1965 a, b; BIGARELLA et al. 1965 a, b).

Eine neuere Detailkartierung von Böden und geomorphologischen Einheiten fand in Gebieten nordwestlich und südöstlich von Curitiba statt, sie behandelt aber ausschließlich den Beckenbereich mit klastischen Ablagerungen der 'Guabirotuba-Formation' (ROCHA 1981). Einen Überblick über die verbreitetsten Bodentypen von Paraná gibt SANTOS FILHOS (1977).

Großmaßstäbige Spezialuntersuchungen und flächenhafte Erfassung der Geofaktoren Relief, Gestein und Boden wurden im südbrasilianischen Kristallingebiet des 1. Planaltos unseres Wissens noch nicht durchgeführt. Die bisherigen Untersuchungen erfolgten vorwiegend an Einzelprofilen mit mangelnder Berücksichtigung der Petrovarianz, vor allem hinsichtlich der Bodenbildung. Gerade diese wird aber als Kriterium benutzt, um paläoklimatische und paläogeomorphologische Prozesse und Rahmenbedingungen zu rekonstruieren. Die vorliegende Arbeit versucht, diese Lücke zu schließen und die genannten Geofaktoren und ihre Abhängigkeit voneinander darzustellen. Das Erkennen dieses Wirkungsgefüges ist, in einer Zeit der wachsenden ökologischen Belastung des Naturraumes und der expandierenden Städte und Siedlungen, von elementarem Interesse.

Grundlage der Untersuchungen bildete eine Geländekartierung im Maßstab 1:10 000. Dafür wurde ein relativ stadtnahes Gebiet ausgesucht (s. Abb. 1). Die Bevölkerungsdichte ist nur gering. Lebensgrundlage der hier wohnenden Menschen bildet die Landwirtschaft, die mit einfachen Mitteln und Methoden betrieben wird (s. Kap. 6.2.4). Trotz der erst relativ jungen Erschließung seit der Jahrhundertwende ist die natürliche Vegetation vollständig zerstört. Als Folge davon sind die Bodenprofile großflächig gekappt. Reliefungunst, primitive Anbaumethoden und immer kürzer werdende Brachezeiten innerhalb der 'Feld-Busch-Wechselwirtschaft' haben zu einer Verschlechterung der Standortqualitäten geführt.

Die Geländebefunde liefern vor allem Hinweise auf jungpleistozäne und holozäne geoökologische Vorgänge. Um den Anteil dieser Prozesse an der Formung des Reliefs und der Standortdifferenzierung zu verdeutlichen, wird auch kurz die gesamte känozoische Entwicklung erläutert, wie sie vor allem von BIGARELLA in zahlreichen Arbeiten dargestellt wird (u.a. BIGARELLA & BECKER 1975).

2 Lage des Arbeitsgebietes

Das Arbeitsgebiet ist Teil der kristallinen Hochfläche Südbrasiliens, die als 1. Planalto von Paraná oder Curitiba-Hochfläche bezeichnet wird. Die durchschnittlichen Höhen betragen 850 - 950 m ü.M., Reste älterer Verebnungen kommen vor. Durch rückschreitende Erosion des Rio Ribeira und seiner Nebenflüsse haben sich die Täler bis auf 730 m ü.M. eingetieft.

Zur geographischen Lage des Arbeitsgebietes siehe Abb. 1. Es befindet sich ca. 20 km nordwestlich von Curitiba, im Bereich der topographischen Karten 1:10 000, Bl. 385 Conceição dos Correias und Bl. 387 Ouro Fino. Die Koordinaten der beiden Teilgebiete lauten: $49°27'15"$ - $49°28'49"$ w.L. und $25°15'46"$ - $25°17'30"$ s.Br., sowie $49°26'15"$ - $49°28'11"$ w.L. und $25°17'30"$ - $25°19'02"$ s.Br.

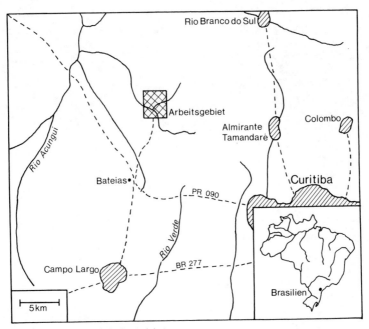

Abb. 1 Lage des Arbeitsgebietes

Man erreicht das Gebiet über die BR 277 nach Campo Largo und Bateias. Von dort führt eine gute Straße zur Estancia Ouro Fino. Nach weiteren zwei Kilometern erreicht man die Südgrenze des Arbeitsgebietes.

3 Arbeitsmethoden

Die Verteilung von Böden und Gesteinen und der Einfluß des Reliefs wurden im Gelände untersucht. Die Kartierung erfolgte durch Ein- und Zweimeterbohrungen und durch die Beschreibung von Aufschlüssen. Die Ergebnisse wurden im Maßstab 1:10 000 kartographisch festgehalten.

Arbeitsgrundlage war die TK 1:10 000, Bl. 385 Conceição dos Correias und Bl. 387 Ouro Fino. Diese Karten basieren auf Luftbildauswertungen im Maßstab 1:40 000. Dabei wurden verschiedene Reliefinformationen nicht beachtet bzw. falsch dargestellt. Deshalb wurden neuere Luftbilder von 1980 im Maßstab 1:25 000 mitverwendet, die über eine entsprechend genaue Auflösung verfügen. Geologische Karten, Vegetationskarten und Karten der verschiedenen Erosionsniveaus waren ebenfalls im Maßstab 1:10 000 vorhanden und wurden in die Auswertung einbezogen. Auf der geologischen Karte ergaben sich jedoch Änderungen, vor allem hinsichtlich der Verbreitung der Basaltgänge. Die Hangneigung wurde mit Hilfe der topographischen Karte errechnet, die Werte mit Messungen im Gelände verglichen.

Um die bei der Feldarbeit getroffenen Aussagen und Messungen über Bodenart, Farbe und pH-Wert zu überprüfen und durch einige andere bodenchemische Kennwerte zu erweitern, wurden typische Profile ausgesucht und Proben entnommen. Wegen der Menge des Probenmaterials mußte auf Parallelproben verzichtet werden. Beim Transport wurden leider einige Proben zerstört und unbrauchbar.

Im Labor wurden folgende Analysen durchgeführt:

- Bestimmung der Bodenfarbe in trockenem und feuchtem Zustand mittels der MUNSELL SOIL COLOR CHARTS (1971).

- Korngrößenanalyse durch Naßsiebung und Pipettmethode nach KÖHN, entsprechend DIN 19683, Teil 1 und 19683-2, Teil 1 und 2 (1973). Die Proben wurden mit 0,4 n $Na_4P_2O_7$ dispergiert.

- Bestimmung der organischen Substanz durch nasse Veraschung mit Kaliumdichromat nach der Methode von RIEHM & ULRICH (1954).

- Bestimmung des pH-Wertes durch elektrometrische Messung in KCl nach DIN 19684, Teil 1 (1977).

- Bestimmung der Austauschkapazität und der austauschbaren Kationen nach der Methode von MEHLICH und DIN 19684, Teil 8 (1977).

- Bestimmung des dithionit- und des oxalatlöslichen Anteils der Eisenoxide nach der Methode von MEHRA & JACKSON (1960) und DIN 19684, Teil 6.

- Bestimmung des Gesamtstickstoffs nach DIN 19684, Blatt 34 (1977).

4 Geologischer Aufbau des 1. Planaltos von Paraná

4.1 Überblick

Das Kristallinplateau Süd-Brasiliens bildet den Ostrahmen des Paraná-Beckens und besteht aus präkambrischen Gesteinen mit sauren und basischen Intrusionen. Im Umkreis von Curitiba ist das Kristallin in einem nach Westen vorspringenden Bogen freigelegt. Dieser Bereich, auch 'Hochplateau von Curitiba' genannt, bildet den 1. Planalto von Paraná mit Höhen um 900m ü.M.(MAACK 1968:86). Im Osten schließt sich ein Randgebirge, die Serra do Mar, an, die in Paraná Höhen von 1950m ü.M. erreicht (Pico do Paraná). Dieses Randgebirge fällt mit steiler Ostflanke bis zum Meeresniveau ab. Stellenweise, z.B. in der Bucht von Paranaguá, ist eine schmale Küstenebene vorgelagert. Vom Kristallinplateau nach Westen gehend, folgt bald der Anstieg zum 2. Planalto (Planalto von Ponta Grossa), der durch eine devonische Sandsteinstufe gebildet wird.

Der brasilianische Kristallinblock wurde endgültig erst in der assyntischen Orogenese konsolidiert. Während des Jungpaläozoikums kam es durch Absenkungsbewegungen zu einer Auflagerung von bis zu 2000 m mächtigen Sedimentfolgen. Diese epirogene Absenkung kam gegen Ende des Perm zum Stillstand (BEURLEN 1970:20). An der Wende Jura/Kreide kommt es zur Neubelebung der Tektonik und zum Einsetzen des Vulkanismus. Es sind Begleiterscheinungen des Aufreißens und der Erweiterung der südatlantischen Spalte. Im Paraná-Becken reißen ebenfalls Spalten auf und ausströmende Lavamassen führen zur Bildung einer geschlossenen Basaltdecke. Die Spalten streichen Nordwest-Südost bis Nord-Süd.

Auf dem Kristallinplateau ist in der Umgebung von Curitiba keine geschlossene Basaltdecke vorhanden. Hier tritt der Basalt als Spaltenfüllung oder als Stiel an die Oberfläche. Die tektonische Aktivität setzt sich bis ins Quartär fort (BEURLEN 1970:24).

Das präkambrische Basement besteht aus assyntisch gefalteten Serien und zieht mit nordost-südwestlichem Streichen von Espirito Santo über Rio de Janeiro, São Paulo bis in die Curitiba-Hochebene. Der nordwestliche Abschnitt der Curitiba-Hochebene gehört zu einer schwächer metamorphisierten Zone im Vorland der Serra do Mar. Dieser Bereich wird hier als 'Acungui-Serie' bezeichnet und entspricht der São-Roque-Serie des Staates São Paulo. Die São-Roque-Acungui-Zone wird westlich von Curitiba von jüngeren Sedimentationsformen überdeckt. Sie stößt im Osten mit tektonischem Kontakt an den Kristallinkomplex der Serra do Mar (BEURLEN 1970:52).

Bedingt durch den relativ schwachen Metamorphosegrad, die starke Ausräumung der Nebenflüsse des Rio Ribeira und der morphologisch harten Quarzite, hat das 'Acungui-Bergland' ein charakteristisches Relief. Im Gegensatz zu dem schwach gewellten Bereich des Migmatitkomplexes im Süden und Südosten von Curitiba und dem flachen Relief des Sedimentbeckens von Curitiba sind im Acungui-Bergland hohe Rücken und tief eingeschnittene, oft V-förmige, Täler typisch (LOPES 1966:3).

4.2 Migmatite und Acungui-Serie

Die Migmatite sind die ältesten Gesteine des Arbeitsgebietes. Sie treten im zentralen Bereich auf und stoßen mit tektonischem Kontakt an die Gesteine der Acungui-Serie. Der Südwest-Nordost streichende Komplex wird durch Einschaltungen von Glimmerschiefer im nordöstlichen Bereich gestört. Der gegen Glimmerschiefer im Osten und Phyllit im Westen herausgehobene Teil bildet den 'Horst von Meia Lua'. Die Migmatite sind granitähnliche Gesteine und weisen einen typischen Katazonalmetamorphismus auf. Sie lassen sich in 'Embreschite' und 'Epibolite' mit unterschiedlicher Zusammensetzung unterscheiden (ROCHA 1981:8). Die typische Farbe ist grau-rötlich gefleckt.

Die Acungui-Serie ist eine molasseähnliche Bildung der ausklingenden assyntischen Orogenese. Die Serie bildet Südwest-Nordost streichende, in sich gestörte Synklinalen und Antiklinalen mit eingeschalteten Granitmassiven. Messungen der Granite ergaben ein Alter von 600 Millionen Jahren (BEURLEN 1970:52). Außer durch Kalkstein und Dolomit ist die Serie gekennzeichnet durch verschiedene Metamorphite, von denen im Arbeitsgebiet Phyllit, Glimmerschiefer, Metakonglomerate und Quarzit vorkommen.

Der Phyllit tritt beiderseits des Migmatitkomplexes auf, an den er mit tektonischem Kontakt stößt. Die Farbe ist meist grünlich, manchmal aber auch bräunlich, grau oder rötlich. In dem Phyllit kommen vereinzelt Quarzite vor, die jedoch flächenmäßig kaum ins Gewicht fallen. Gegenüber dem Phyllit sind sie morphologisch härter und sind dadurch kuppenbildend oder treten als Hangversteilung in Erscheinung. In einem kleinen Bereich im Osten ist zwischen Phyllit und Migmatit Glimmerschiefer eingeschaltet. Die Metakonglomerate treten in einer ca. 200 m breiten Mulde innerhalb des Phyllitvorkommens auf. Die Faltenachse streicht NE - SW. Die einzelnen Komponenten bestehen im wesentlichen aus Quarzen, Quarziten, Gneisen und Phylliten, die in eine grünliche Matrix aus Feinmaterial eingebettet sind.

Der Kalkstein ist linsenförmig in den gefalteten Phyllitkomplex eingebettet und kommt nur im Nordwesten vor, östlich des Horstes von Meia Lua. Der Kalkstein ist verkarstet und die ehemalige Oberfläche mit allochthonem Rotlehmmaterial verfüllt. Nur an sehr wenigen Stellen kommt er bis an die Oberfläche, meist in Form von kleinen 'Rippen', die 30 - 50 cm aus dem Boden herausragen. Nur bei R 654300/ H 7204500 steht Kalkstein in größerer Mächtigkeit oberflächlich an. Das Kalkvorkommen streicht ebenfalls Nordost-Südwest und dünnt nach Südwesten hin aus. Wegen der großen Verwitterungstiefe und den schlechten Aufschlußverhältnissen im Kalksteingebiet ist die Verbreitung nicht exakt zu umgrenzen. Allgemein konnte aber festgestellt werden, daß der Kalkstein nicht so massig und flächenhaft auftritt, wie es auf der geologischen Karte dargestellt ist. Wo mit Hilfe von Bohrungen das Anstehende erreicht werden konnte, ist die Verbreitung des Kalksteins berichtigt. Im Gelände konnte mehrfach eine enge Verzahnung von Kalk und Phyllit festgestellt werden. Wegen des kleinräumigen Wechsels und der genannten Schwierigkeiten konnten die einzelnen Phyllitvorkommen innerhalb des Kalksteinkomplexes jedoch nicht auskartiert werden. BIGARELLA (1953, in: LOPES 1966:13) hat den Kalkstein im Meia-Lua-Gebiet mehrfach untersucht und stark wechselnde Mg-Gehalte von 1,3 - 13,5 % festgestellt. Vielleicht wegen der Inhomogenität, der tiefgründigen Verwitterung und des linsenförmigen Vorkommens wird dieser Kalkstein nicht wirtschaftlich genutzt. Dies steht in starkem Kontrast zu dem südlich des Arbeitsgebietes stattfindenden Dolomitabbau, der recht intensiv betrieben wird. Zur morphologischen Situation des Kalksteins siehe auch Abb. 16.

Der Dolomit schließt an das Phyllitgebiet an. Er hat ein homogenes kompaktes Gefüge und eine hellgraue bis weiße Farbe. Ähnlich wie beim Kalkstein ist die Oberfläche verkarstet und mit allochthonem Rotlehmmaterial bedeckt. In Begleitung der zahlreichen eingeschalteten Phyllitlinsen treten auch Quarzite auf, die je nach Mächtigkeit mehr oder weniger stark morphologisch in Erscheinung treten.

4.3 Basalte

Teilweise schon im oberen Jura, hauptsächlich aber in der unteren Kreide, setzt der Basaltvulkanismus ein (BEURLEN 1970:223). LOPES (1966:15). beschreibt für den 1. Planalto Basaltgänge, wie sie auch auf der geologischen Karte 1:10 000, Bl. 385 Conceição dos Correias und Bl. 387 Ouro Fino, dargestellt sind.

Danach streichen die Gänge etwa Nordwest-Südost (N 40° W - N 60° W) und ziehen mehrere Kilometer weit durch. Diese Beobachtung konnte bei der Geländearbeit nicht gemacht werden. Statt der kontinuierlich durchziehenden Gänge sind im Arbeitsgebiet eine Vielzahl von einzelnen Basaltstielen vorhanden. Kleinere Gänge bis zu 400 - 500 m kommen ebenfalls vor. Auffallend ist allerdings die oft perlschnurartige Aneinanderreihung der Basaltstiele bzw. -gänge in der erwähnten Streichrichtung. Entgegen den Feststellungen von LOPES (1966 :15) kommt es in einigen Fällen aber auch zu einem Umbiegen der Gänge in nordost-südwestlicher Richtung. Dadurch werden teilweise die alten präkambrischen Leitlinien nachgezeichnet.

Der Basalt bildet gegenüber den anderen Gesteinen, ähnlich wie der Quarzit, morphologische Härtlinge und tritt als Rücken, Kuppe oder als Hangversteilung in Erscheinung. Viele dieser Formen sind auf der topographischen Karte 1:10 000 nicht zu erkennen. Im Gelände und auf den Luftbildern von 1980 treten sie aber deutlich hervor. Nirgends konnte beobachtet werden, daß ein Basaltgang über längere Strecken in der Tiefenlinie verläuft, wie es auf der geologischen Karte dargestellt ist. Wenn ein Basalt eine Talaue kreuzt, ist deutlich eine Verengung der Aue festzustellen bis hin zu kerbtalartigen Formen.

Schwierigkeiten bereitet die Abgrenzung von anstehendem Basalt mit entsprechender Rotlehmdecke und am Hang verlagertem Basaltrotlehm, der über fremdes Gestein hinwegzieht (s. Abb. 6). Bei ungünstigen Aufschlußverhältnissen und entsprechender Mächtigkeit der Rotlehmdecke mußte die Abgrenzung des Basaltes auf der Karte oft gemittelt werden. Die Wanderstrecke des Rotlehmmaterials kann deshalb nicht absolut aus der Karte entnommen werden, zumal kleine Basaltstiele, die morphologisch kaum oder überhaupt nicht in Erscheinung treten, das Ergebnis verfälschen und den weiteren Transportweg nur vortäuschen würden. Ebenso schwierig ist die Abgrenzung von Basalt gegenüber Dolomit, da beide Gesteine meist durch eine mächtige Rotlehmdecke verhüllt sind. Anhaltspunkte liefern hier die Basaltwollsäcke, die im Zuge der Bodenerosion oft an die Oberfläche gelangen.

4.4 Quartäre Sedimente

Im Pleistozän kam es zur Ablagerung von Schotterterrassen (s. Kap. 7.2.2). Oftmals ist innerhalb des Terrassenkörpers eine Wechsellagerung von Kiesen und Sanden festzustellen, manchmal ist auch nur die Kies- bzw. Sandfraktion vertreten. Terrassen sind auf Grund der meist V-förmigen Täler nicht großflächig anzutreffen.

Nur in den Talweitungen sind auch ältere Niveaus deutlich entwickelt. Hinzu kommt die post-terrassenzeitliche Überdeckung mit jungpleistozänem 'Decklehmmaterial' (s. Kap. 7.2.1), der meist auch eine erneute Verlagerung der Kiese voranging. Die Mächtigkeit der älteren Terrassen beträgt in der Regel nur wenige Dezimeter. Sofern Aufschlüsse fehlen, ist beim Kartieren mit dem Bohrstock nicht immer zwischen Terrasse und Steinlage zu unterscheiden, zumal der Decklehm die typische Morphologie einer Terrasse oft verhüllt. Im Holozän kommt es überwiegend nur noch zur Ablagerung von Auenlehm aus schluffigem Sand bis schluffig sandigem Lehm. Morphologisch sind innerhalb des Auenlehms zwei Niveaus erkennbar, in denen sich unterschiedliche Böden entwickelt haben (s. Kap. 8.3.9).

5 Klima

5.1 Temperatur- und Niederschlagsverteilung

Der überwiegende Teil Brasiliens liegt im Bereich der Tropen und Subtropen. Nur der südlichste Abschnitt und damit die Region um Curitiba gehört zum warm-gemäßigten Klimabereich. KÖPPEN & GEIGER (1928) klassifizieren ihn als Cfb-Klima, TROLL & PAFFEN (1964) als IV_7. Damit ist die Region als immerfeucht mit warmen Sommern und sommerlichem Niederschlagsmaximum charakterisiert. Abb. 2 zeigt ein Klimadiagramm von Curitiba und eine nähere Aufschlüsselung der Werte nach MÜLLER (1980:249) in Tab. 1.

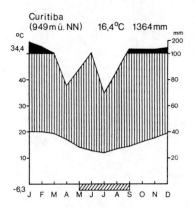
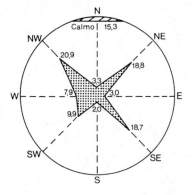

Abb. 2 Klimadiagramm von Curitiba nach Werten von Müller (1980:249).

Abb. 3 Jährliche Windverteilung(%) der Station Curitiba (MAACK 1968).

Die Jahresdurchschnittstemperaturen liegen bei 16,4°C mit einem Maximum in den Sommermonaten Januar und Februar. Die absoluten Maxima erreichen dabei Werte von 34,4°C, die absoluten Minima liegen im Winter bei - 6,3°C. Es kommt zu gelegentlichem Auftreten von Frost und sogar Schneefall auf dem Hochplateau. Monate mit einem absoluten Minimum unter 0°C sind auf dem Diagramm (Abb. 2) schräg schraffiert dargestellt.

	Jan.	Feb.	März	April	Mai	Juni	Juli	Aug.	Sept.	Okt.	Nov.	Dez.	Jahr
Mittl. Temp. in °C	20,1	20,1	19,2	17,1	14,3	12,9	12,1	13,5	14,5	15,9	17,7	19,3	16,4
Absol. Max. der Temperatur in °C	34,3	33,4	33,2	30,3	28,4	26,4	28,1	30,7	31,0	33,4	34,4	34,3	34,4
Absol. Min. der Temperatur in °C	7,5	7,0	5,5	0,8	-3,6	-6,3	-6,2	-4,5	-1,9	1,5	5,3	6,2	-6,3
Mittl. Niederschlag in mm	183	149	106	76	88	104	69	85	124	122	120	138	1364
Max. Niederschlag (mm) in 24 h	79	68	68	64	98	164	86	58	93	112	71	80	164
Tage mit Niederschlag 0,1 mm	20	17	17	14	12	11	10	10	14	14	14	16	169
Sonnenscheindauer in h	175	167	167	161	168	154	185	184	144	164	178	187	2034
Potentielle Verdunstung in mm	98	85	82	63	48	37	33	44	51	63	77	92	773

Tab. 1 Klimadaten der Station Curitiba, 949 m ü.M. (MÜLLER 1980:249)

Der mittlere Jahresniederschlag liegt bei 1364 mm. Die Niederschläge sind über das ganze Jahr verteilt, eine ausgesprochene Trockenzeit fehlt. Auch der trockenste Monat Juli hat noch Werte von 69 mm. In keinem Monat ist die potentielle Verdunstung größer als der mittlere Niederschlag, so daß ständig ein Feuchtigkeitsüberschuß vorhanden ist. Das Maximum der Niederschläge fällt im Frühjahr und Sommer, gefolgt von einem kleineren Maximum im Juni. Entsprechend treten etwas trockenere Phasen im Juli und August und, weniger deutlich ausgeprägt, im April und Mai auf.

Die Klimastation Curitiba liegt etwa 20 km südöstlich des Arbeitsgebietes und kann damit nur ungefähr auf die tatsächlichen Verhältnisse angewandt werden. Bei Bateias (s. Abb. 1), das allerdings auf einer Höhe von 1080 m ü.M. liegt, gibt es einen Regenmesser. Dieser hat zwar eine geringere Anzahl an Beobachtungsjahren, verglichen mit der Station Curitiba zeigt er aber um 5 - 15 % erhöhte Niederschläge an (BIGARELLA 1979:10). Angaben über die Temperaturverteilung können nur geschätzt werden. Nimmt man die Daten der Station Curitiba mit 949 m ü.M. und bezieht sie auf ein Niveau von ca. 750 m ü.M., so dürfte die Jahresdurchschnittstemperatur in den Tallagen des Arbeitsgebietes um etwa 1° C höher liegen. Allerdings muß man berücksichtigen, daß die Zahl der Fröste durch die tief eingeschnittenen Täler wahrscheinlich erhöht ist.

5.2 Wind- und Luftdruckverteilung

Im Bereich des südlichen Wendekreises liegen zwei Hochdruckzentren über den Ozeanen. Sie gehören zum südhemisphärischen subtropischen Hochdruckgürtel, der im zentralen Kontinentalbereich durch ein Hitzetief über dem 'Gran Chaco' unterbrochen wird (NIMER 1971:37f). Dieses Tief ist beweglich und verändert seine Position mit dem Sonnenstand. Im Januar liegt es über Teilen von Paraná und ist verantwortlich für die sommerlichen regenbringenden Winde aus nordwestlichen Richtungen. Das Pazifikhoch bleibt praktisch ohne direkten Einfluß wegen der abschirmenden Wirkung der Anden. Das Atlantikhoch bringt ganzjährig Winde aus Südost bis Nordost und mit den feuchtwarmen Luftmassen auch Niederschläge. Die meisten Niederschläge fallen dabei als Steigungsregen an der Ostflanke der Serra do Mar und erreichen bis zu 5000 mm im Jahr. Im Winter verlagert dieses Hoch seine Position ca. 5° nach Norden. Beeinflußt werden diese stabilen warmen tropischen Atlantikluftmassen durch sehr bewegliche polare Druckgebilde. Ein Polarhoch über der Südspitze von Südamerika liefert vor allem Winde aus südlichen bis westlichen Richtungen. Diese Winde sind verantwortlich für die plötzlichen Kaltlufteinbrüche mit rapidem Absinken der Temperaturen und gelegentlichem Schneefall. Günstig hierfür wirkt sich auch das Relief aus, das der Windbewegung kein Hindernis in den Weg stellen kann, da die Gebirgszüge meist Nord-Süd orientiert sind. Die Vorstöße der polaren Luftmassen nehmen im Winter an Häufigkeit und Intensität zu. Sie sind stabil geschichtet und bedingen in der Regel trockenes, kaltes Wetter mit aufgelöster Bewölkung. In den Kaltzeiten des Pleistozäns dürften diese Luftmassen weiter auf den Subkontinent vorgedrungen sein und damit zu erhöhter Aridität in diesen Phasen beigetragen haben.

Die Häufigkeitsverteilung der vorherrschenden Windrichtungen ist in Abb. 3 dargestellt. Deutlich kommen hierbei die unterschiedlichen Druckgebilde mit den entsprechenden Strömungen zum Ausdruck. Der Anteil der Tage mit Windstille beträgt 15,3 %.

6 Vegetation

6.1 Potentielle natürliche Vegetation

Die potentielle natürliche Vegetation des Untersuchungsgebietes ist der Araukarienwald mit 'Araucaria angustifolia' als Leitart. Dieser Nadelbaum kommt natürlich nur auf den südbrasilianischen Hochplateaus vor. In Höhen ab 500 - 600 m ü.M. löst er den subtropischen Regenwald ab. Der Araukarienwald ist sehr gut an die hier herrschenden Klimabedingungen angepaßt, die sich durch relativ hohe Niederschläge und gemäßigte, im Winter oft niedrige Temperaturen auszeichnen. Das Klimadiagramm von Curitiba kann als typisch für das Araukarienklima angesehen werden (HUECK 1966:187; vergl. Abb.2). Der Name 'Curitiba' bedeutet auch in der Sprache der 'Tupi-Indianer' Araukarie.

Die Araukarie bildet im natürlichen Bestand die oberste Baumschicht. Sie ist vergesellschaftet mit Pflanzen des subtropischen Regenwaldes und der südbrasilianischen 'campos'. Die wichtigsten Vertreter des Araukarienwaldes sind (MAACK 1968: 221f; KLEIN 1975:78f): Ilex paraguaiensis (Mate-Tee), Ocotea porosa, Dicksonia sellowiana (Baumfarn; in schluchtartigen Vertiefungen auch innerhalb von Sekundärwäldern des Arbeitsgebietes zu finden), Hemitelia setosa, verschiedene Lauraceen und Euphorbiaceen (Croton sp.), Vitex montevidensis, Ilex microdonta, Belangere speciosa, Drimys brasiliensis, Clethra sp., Cedrela sp., Rapanea umbellata, versch. Myrtaceen und Liliaceen (Cordyline sellowiana ist mit ihrem raschen Wachstum auch auf Bracheflächen bei der landwirtschaftlichen Rotation zu finden). Auch Leguminosen treten auf mit Dalbergia brasiliensis, Machaenium sp., Acacia polyphylla und Cassia sp.. Als weitere Koniferen treten neben der Araukarie verschiedene Podocarpus-Arten auf, vor allem Podocarpus lambertii. Typisch für die Araukarienwälder sind auch die Epiphyten mit Bromeliaceen wie Tillandria uneoides, Aechmea nidularia, Polypodium sp., Trichomanes sp., sowie die Aracee Monstera pertuosa und verschiedene Orchideen vor allem der Gattung Onicidium. Im natürlichen Bestand, wie auch auf agrarisch genutzten Flächen, ist die Palme Arecastrum romanzoffium anzutreffen. Einzelne Bäume werfen während des Winterhalbjahres die Blätter ab, der überwiegende Teil ist immergrün. Man könnte diese Wälder als 'semi-deciduous forests' oder 'teilweise laubabwerfende immergrüne Wälder' bezeichnen (MAACK 1968:223).

Paläoklimatisch interessant sind Pflanzen andiner Herkunft, deren Auftreten innerhalb des Araukarienwaldes nur durch quartäre Klimawechsel erklärt werden kann (SIMPSON-VUILLEMIER 1971). Nach Meinung vieler Autoren sprechen die 'campos' innerhalb der Araukarienregion dafür, daß das Klima in der Vergangenheit anders gewesen sein muß als heute (MAACK 1968; KLEIN 1975). Rezent kann ein Vordringen des Waldes in das Grasland beobachtet werden, was auf ein heutiges potentielles Waldklima schließen läßt. Die 'campos' sind dann als Relikte eines arideren Klimas zu sehen. Ähnliches gilt für die klimatische Untergrenze des Araukarienwaldes. Hier erobert der Küstenwald Teile des Araukarienareals (KLEIN 1975:86). Auf Grund der genannten Faktoren und der Artenzusammensetzung kommt KLEIN zu mindestens drei Phasen mit arideren Klimabedingungen, die den heutigen Bestand und die Verteilung der Vegetation in Süd-Brasilien beeinflußt haben.

6.2 Heutiges Vegetationsbild

6.2.1 Sekundärwälder

Bedingt durch die intensive Nutzung des Raumes ist der natürliche Araukarienwald im Arbeitsgebiet nicht mehr anzutreffen. Statt dessen treten Sekundärwälder auf, besonders aber auch solche Vegetationsformen, die sich in relativ kurzen Bracheperioden innerhalb der landwirtschaftlichen Rotation entwickeln. Hierzu zählen vor allem die 'Capoeira', 'Macega' und auf stark beanspruchten Standorten die 'Samambaia' (s. Kap. 6.2.2).

Die Entwaldung des Berglandes von Acungui ist schon seit etwa 1930 abgeschlossen (MAACK 1968:195). Ungefähr seit 1960 ist die Araukarie insgesamt in ihrem Bestand bedroht. Während der beiden Weltkriege wurde die Abholzung intensiviert. Wegen des relativ einheitlichen Bestandes und des schnellen Wachstums war die Holznutzung hier wesentlich intensiver als in den Regenwäldern des Amazonas (ALONSO 1977). Vom siebzehnten bis in das neunzehnte Jahrhundert hinein wurden nur der Küstenstreifen und die 'campos' besiedelt. Von Beginn der Kolonisation des 1. Planaltos bis 1930, in einem Zeitraum von etwa fünfunddreißig Jahren, wurden 34200 km^2 Araukarienwald abgeholzt (MAACK 1968:197). Von den ursprünglichen 73780 km^2 wurden bis 1965 rund 57848 km^2 zerstört. Nennenswerte Aufforstungen fanden nicht statt. Die Araukarie ist mit ca. 60 - 80 Jahren bei einem Stammdurchmesser von 30 - 40 cm schlagreif. Großflächiger aufgeforstet wird mit verschiedenen Pinusarten, die schneller wachsen und eine größere ökologische Amplitude haben. Hierbei dominiert vor allem Pinus elliottii. Auf trockenen Standorten, sowie auf stark erodierten Böden, wird auch häufig Eukalyptus gepflanzt. Im Arbeitsgebiet findet vor allem 'Mimosa skabrella' (Bracatinga) Verwendung.

Die im Gelände angetroffenen Sekundärformationen sind in der Regel mehrfach abgebrannt und relativ jung. Nur einzelne Flächen tragen Bäume mit Wuchshöhen von 20 - 30 m. Das sind im wesentlichen die Bereiche, in denen das Bodenprofil keine bzw. nur geringfügige Spuren von Erosion zeigt. Die entsprechenden Bodentypen sind Parabraunerden, schwach erodierte Parabraunerden und Braunerden (s. Kap. 8). Unter jüngeren Waldbeständen sind die Bodenprofile meist erodiert, und es liegen erodierte Parabraunerden oder Ranker vor. Dies zeugt von intensiven Abtragungsvorgängen, die wahrscheinlich in der vorhergehenden landwirtschaftlichen Nutzungsphase aktiv waren. Solche relativ jungen Sekundärwälder sind daher oftmals auch Standorte, auf denen eine agrarische Nutzung nicht mehr sinnvoll erscheint, weil das gesamte Bodenmaterial erodiert ist, und der Zersatz an die Oberfläche gelangt. Nur an einer einzigen Stelle (R 654000/H 7202600) sind Sekundärwälder in größerem Ausmaß auch auf Basaltrotlehm zu finden. In der Regel sind die Basaltrotlehme aber landwirtschaftlich genutzt. Die Ursache für den Waldbestand mag in diesem Fall die große Hangneigung sein, die meist bei 45 % und mehr liegt. Zu den charakteristischen Arten der Sekundärwälder gehören (nach KLEIN 1962; in: BIGARELLA 1979:14): Piptocarpha angustifolia, Vernonia discolor, Ocotea puberula und Mimosa scabrella. Dazwischen findet man vereinzelt Campomanesia xanthocarpa, Prunus sellowii, Schinus therebinthifolius und Matyba elaeagnoides. Viele dieser Arten sind auch in der Capoeira zu finden, weil sich die Sekundärwälder aus dieser Vegetationsform entwickeln.

6.2.2 Macega und Samambaia

Innerhalb der kurzen Brachezeiten bei der landwirtschaftlichen Rotation entwickelt sich die typische Vegetationsform der 'Macega'. Charakterpflanze ist Cordyline sellowiana, die schon bald nach der Ernte die Felder überzieht. Sehr schnell entwickelt diese Pflanze einen hölzernen Stamm und kann am Ende des zweiten Brachejahres schon um die zwei Meter hoch sein. Dadurch ist sie ein erhebliches Hindernis bei der erneuten Rodung, weil vor dem Abbrennen der 'Busch' zuerst mit dem 'Machete' abgeschlagen werden muß. Bei den Bauern gilt sie als Zeichen für fruchtbaren Boden. Cordyline sellowiana tritt massenhaft nur auf Parabraunerden und Rotlehm auf, was diese Aussage bestätigt.

Je nach Zusammensetzung und Entwicklungsstadium wird bei der Macega zwischen 'Capoeirinha', 'Capoeira' und 'Capoerao' unterschieden.

Zu den ersten Besiedlern der aufgelassenen Felder zählen Tagetes minuta, Senecio brasiliensis und Solidago microglossa. Weiterhin folgen dann Chinus therebentifolius, Cordyline dracenoides und Braccharis grisea (KLEIN 1962; in: BIGARELLA 1979:14). Diese 'Capoeirinha' entwickelt sich weiter, und es dominieren die Arten Baccaris elaeagnoides, Symphiopappus compressus und Vernonia nitidula, die Höhen bis zu fünf Metern erreichen. In dieser 'Capoeira' treten weiterhin Cupania vernalis, Matayba elaeagnoides und Cordyline dracenoides auf. Die relativ alte, höher als fünf Meter werdende 'Capoeirao' zeigt schon die typische Zusammensetzung des Sekundärwaldes (MAACK 1968:232). Die Übergänge von der Macega bis hin zum Sekundärwald sind fließend und im Gelände nicht immer einwandfrei zuzuordnen. Bei stark genutzten Standorten und mehrfachem Abbrennen stellt sich nach einigen Jahren nur noch eine Gras- und Farnvegetation mit Vorherrschen des Farnes Pteridium aquilinum ein (Samambaia).

6.2.3 Aufforstungen

Als einziger Baum wird in größerem Umfang 'Mimosa scabrella' (Bracatinga) aufgeforstet. Die Bracatinga ist ein sehr schnell wachsender Baum, der schon nach 7 - 8 Jahren schlagreif wird. Er gedeiht auch noch auf stark erodierten Standorten, wo eine Beackerung nicht mehr sinnvoll erscheint. Das Holz ist für die Möbelindustrie nicht zu verwerten und wird als Bau- oder Brennmaterial genutzt. Für die Bauern stellt der Verkauf des Holzes eine geeignete Nebeneinnahme dar. Wenn die Betriebsfläche groß genug ist, wird auch auf Standorten mit größerer potentieller Fruchtbarkeit der Anbau von Bracatinga betrieben. Als Brachevegetation mit nachfolgendem Hackfruchtanbau ist sie aber umstritten. Mimosa scabrella ist eine Leguminose und vermag daher den Luftstickstoff über Knöllchenbakterien zu binden. Da die Böden infolge des Abbrennens relativ stickstoffarm sind, ist diese Tatsache natürlich positiv zu bewerten. Auch die verlängerte Brachezeit von fast zehn Jahren kommt dem Ökosystem sicher zugute. Auf der anderen Seite hat die Bracatinga aber, bedingt durch die schnelle Wuchsleistung, einen negativen Einfluß auf den Bodenwasserhaushalt. Der Standort ist nach dem Anbau relativ trocken (Auskunft der Bauern). Aus der gleichen Quelle war zu erfahren, daß gerade der Wasserhaushalt des Bodens, trotz der hohen Niederschläge, in trockenen Jahren den limitierenden Faktor darstellt. Bei bevorzugtem Anbau auf Rankern und zum Teil auch auf Parabraunerden werden also primär schon relativ trockene Standorte ungünstig beeinflußt. Rotlehme sind nur sehr selten mit Mimosa scabrella bestockt, da sie überwiegend landwirtschaftlich genutzt werden. Das Problem ergibt sich hinsichtlich der zur Verfügung stehenden Fläche. Ist genug landwirtschaftlich nutzbare Fläche vorhanden, stellt die Bracatinga auf edaphischen Marginalstandorten (Rankern) eine Nebenerwerbsquelle und gleichzeitig einen Erosionsschutz dar. Wird der Anbau aber innerhalb der Rotation betrieben, sind negative Einflüsse auf den Wasserhaushalt nicht auszuschließen. Die gemachten Beobachtungen sind nur punktuell und stützen sich auf die Aussagen der Bevölkerung. Sie können aber nicht durch bodenphysikalische Untersuchungen belegt werden.

6.2.4 Landwirtschaft

Bedingt durch das Relief ist im Arbeitsgebiet eine intensive Landwirtschaft, wie sie in ebeneren Teilen des 1. Planaltos betrieben wird, nicht möglich. Das Einpflanzen erfolgt mit der Hacke oder dem Pflanzstock direkt nach der Brandrodung. Nur vereinzelt erfolgt in Gebieten mit geringerer Hangneigung die Bearbeitung mit Pferd und Pflug. Der Anbau beschränkt sich weitgehend auf Hackfrüchte, wie Kartoffeln, Mais, Maniok (Cassava), Bohnen und Bataten. Im 'Hausgarten' werden diese Früchte noch durch Salat, Kohl, Zwiebeln etc. ergänzt. Siedlungsstandort ist in der Regel der Terrassenbereich, meist in Form eines Einzelhofes, seltener in einer dörflichen Gemeinschaft, wozu, abgesehen von den breiten Talauen, meist auch der Platz nicht ausreicht. Die Felder liegen an den umrahmenden Hängen. An der jährlichen Überflutungsgefahr und den Kaltlufteinbrüchen, die in den tief eingeschnittenen Tälern besonders wirksam werden, liegt es sicher, daß die ebenen Auen nicht agrarisch genutzt werden. Statt dessen wird hier extensive Weidewirtschaft betrieben. Die Tiere, vor allem Schweine, Hühner, Gänse, Truthähne und Pferde werden zum Eigenbedarf gezüchtet. Nur im Ostteil des Tales der 'Granja Antonia Trevisan' wurde der hohe Grundwasserstand der Auenbereiche genutzt und eine Weidenplantage beiderseits des Rio Conceição angelegt, deren Produkte in der Korbwarenherstellung Verwendung finden.

Bevorzugter Anbau der Hackfrüchte erfolgt auf den Rotlehmen wegen der bereits erwähnten höheren Feldkapazität, die sich vor allem in trockenen Jahren günstig auswirkt. Selbst Hänge bis zu 45° Neigung werden noch agrarisch genutzt! Die Werte hinsichtlich Austauschkapazität und Basensättigung schwanken, doch können für die Parabraunerden aus Decklehm etwas höhere Werte angenommen werden, da hier frisches Material mit eingemischt ist. Zu ähnlichen Ergebnissen kommen auch SEMMEL & ROHDENBURG (1979). Anscheinend wirkt aber das Wasser als Minimumfaktor. Aus dem gleichen Grund ergeben sich auch Unterschiede hinsichtlich der Dauer der Brache- bzw. Anbauphase. Während die Rotlehme meist mehrere Jahre hintereinander genutzt werden, bevor eine kurze Brache eingeschoben wird, erfolgt die Rotation auf anderen Standorten in einem kürzeren Wechsel. Offensichtlich läßt sich auch im Gesteinszersatz noch der Anbau von Mais etc. betreiben, wenn das gesamte Bodenmaterial abgetragen ist. Die S- und V-Werte, sowie die Austauschkapazitäten sind bei den Rankern aber nur gering. Auch der Wasserhaushalt ist bei den entsprechenden Korngrößen mit hohem Sandgehalt schlecht. Nach Auskunft der Bauern sind die Erträge auf diesen Standorten entsprechend mager. Da aber alle fruchtbaren Böden schon unter Kultur sind, ergibt sich für die Subsistenzwirtschaft betreibenden Kleinbauern keine Alternative. Sie kennen durchaus auch das Problem der Bodenerosion, sind aber in der Regel der Meinung, daß die Tiefenverwitterung entsprechend Schritt hält.

Das Anlegen von Feldern erfolgt in einer Feld-Busch-Rotation (shifting cultivation, bras.: 'roca'), wobei die Anbau- und Bracheperiode jeweils etwa zwei Jahre beträgt. Ausnahmen bilden die erwähnten Rotlehme und stark erodierten Böden, wie sie vor allem durch die Ranker repräsentiert sind. Hier wird die Brache entsprechend ausgedehnt. Längere Brache bedeutet aber auch eine stärkere Verholzung der Macega und damit einen erhöhten Arbeitsaufwand bei der erneuten Rodung. Die kurze Brache reicht sicher nicht aus, um den Humus- und Nährstoffhaushalt entscheidend aufzubessern. Nach dem Abschlagen der Vegetation mit dem 'Machete' läßt man das Material zunächst trocknen. Anschließend wird es verbrannt. Bei der Steilheit der Hänge wird die Asche bei Niederschlägen schnell abgespült und ein Großteil der Düngewirkung geht verloren. Der verbleibende Rest liefert zwar ein stoßartiges Angebot an Nährstoffen zu Beginn der Wachstumsperiode, längerfristige Wirkungen sind jedoch nicht zu erwarten. Hinzu kommt die Verarmung an verschiedenen Elementen, wie Stickstoff und Schwefel, die bei der Verbrennung gasförmig entweichen. Da auch Ernteeste abgebrannt und nicht in den Boden eingearbeitet werden oder zum Mulchen Verwendung finden, ist auch eine Verarmung an organischer Substanz nicht zu vermeiden. Gerade der Humus ist aber, in stärkerem Maße noch als der Ton, Sorptionsträger für die Nährelemente, wie auch die Werte der Austauschkapazitäten in den $A_{h/p}$-Horizonten belegen. Mit Düngern wird sparsam umgegangen. Sie sind entweder zu teuer, oder der genaue Umgang mit ihnen ist unbekannt. Bodenanalysen zur Errechnung des Nährstoffbedarfs werden in der Regel nicht durchgeführt. Aus dem Grund sind vorwiegend Mehrnährstoffdünger im Gebrauch mit hohem P_2O_5- und K_2O-Gehalt. Der starken Bodenacidität versucht man mit Kalkdüngung entgegenzuwirken. Im südlichen Teil des Arbeitsgebietes ist Dolomit in zahlreichen Steinbrüchen aufgeschlossen. Gedüngt wird mit zermahlenem Gesteinsmehl. Die Düngung erfolgt jedoch nur oberflächlich, da wegen der Reliefverhältnisse und der fehlenden Maschinen eine Einmischung in tiefere Schichten unterbleibt. Dennoch sind erhöhte Werte austauschbarer Ca^{2+}- und Mg^{2+}-Ionen auch unterhalb der A-Horizonte festzustellen, was meist auch mit einer Erhöhung des pH-Wertes verbunden ist.

7 Morphogenetische Prozesse im Känozoikum

7.1 Tertiär und Pleistozän

Bedingt durch die rückschreitende Erosion des Rio Ribeira und seiner Nebenflüsse und durch die morphologisch weichen Gesteine der Acungui-Serie ist das Arbeitsgebiet sehr stark zerschnitten. Eingeschaltete Quarzitzüge bilden im Kontrast dazu hohe Rücken. MAACK (1968:86) prägte für diese Landschaft den Namen 'Bergland von Acungui'. Die Geofaktoren Relief, Gestein und Boden unterscheiden sich dabei in charakteristischer Weise von anderen Regionen des 1. Planaltos. Besonders dem Relief kommt hier in bezug auf die heutige Nutzung eine wichtige Steuerfunktion zu.

Während die durchschnittlichen Höhen des Hochplateaus von Curitiba um 900 m ü.M. schwanken, haben sich die Nebenflüsse des Rio Ribeira hier bis auf 730 m ü.M. eingetieft. Die höchsten Erhebungen liegen bei 934 m ü.M. Das Gelände hat dadurch die typische Kuppigkeit eines Kristallingebietes. Entsprechend treten weitverbreitet steile Hänge auf, die durch Verebnungen und Hangverflachungen unterbrochen sind. Dabei dominieren Hangneigungen von zwanzig Prozent bis über fünfundvierzig Prozent auf der einen und Neigungen von kleiner als sechs Prozent auf der anderen Seite.

Um den rezenten Formenkomplex und die Geofaktorenkonstellation deuten und die anthropogene Beeinflussung in ihrem Stellenwert erfassen zu können, ist eine genetische Betrachtungsweise unerläßlich und nutzungsrelevant. Ohne in die weitläufige Diskussion um Flächen- und Talbildungsprozesse einsteigen zu wollen, möchte ich deshalb kurz die känozoische Entwicklung, wie sie vor allem von BIGARELLA in zahlreichen Arbeiten beschrieben wird, darstellen (z.B. BIGARELLA & BECKER 1975). Hangverebnungen, flache Kuppen und Rücken treten im Arbeitsgebiet immer wieder in bestimmten Niveaus auf. Die Flächenbildung führt BIGARELLA auf Pedimentierungsprozesse zurück, ähnlich wie es auch ROHDENBURG auf deutscher Seite beschreibt (ROHDENBURG 1970 a; 1970 b; 1977). Geomorphologisch aktive Phasen mit Flächenbildung stellt BIGARELLA in Perioden mit semiaridem Klima, die wiederholt während des Tertiärs und Quartärs aufgetreten sein sollen. Änderungen im Wasserhaushalt führten zu einer Auflockerung der Vegetation. Die geringere Bodenbedeckung, die Änderung des Niederschlagsregimes und vor allem die stärkere Akzentuierung der Niederschläge lösten dann Flächenspülungsprozesse mit Rückverlegung der Hänge aus. Wenn solche Pedimente im Wasserscheidenbereich 'zusammenwuchsen', entstanden relativ weitgespannte 'Pediplains'. Wurde das Klima wieder feuchter, bzw. die Niederschläge im Jahresverlauf gleichmäßiger verteilt, schloß sich die Vegetationsdecke und der geomorphologische Zyklus erreichte eine Stabilitätsphase mit vorherrschender Bodenbildung und linearer Erosion. Als Folge davon wurden die Flächen zerschnitten, die Flüsse tieften sich ein und das Gestein wurde intensiv verwittert. Diese tiefgründige Verwitterung und die Bereitstellung von vorwiegend feinem Material waren dann die Voraussetzung dafür, daß eine erneute semiaride Phase flächenhaft erosiv wirksam werden konnte. Der geschilderte Klimatyp mit erhöhter Aridität und geänderter Niederschlagsverteilung muß nicht unbedingt ein rezentes, aktualistisches Pendant haben (s.a. ROHDENBURG 1970 a:86).

Klimaschwankungen im Laufe des Quartärs wurden aus weiten Bereichen der Tropen und Subtropen beschrieben. Die Befunde häufen sich, daß man auch in diesen Breiten mit geomorphologischen Paläoformen rechnen muß (ZONNEVELD 1968; 1975; FÖLSTER 1969; 1971; MENSCHING 1970; ROHDENBURG 1970; 1982; SEMMEL 1977; 1978; 1982; SEMMEL & ROHDENBURG 1979; u.a.). Neben bodenkundlich-geomorphologischen Untersuchungen sprechen dafür auch die Arbeiten vieler Botaniker und Zoologen. HAMMEN (1972:641) kann die Zusammensetzung des amazonischen Regenwaldes und die Verteilung der einzelnen Arten nur durch zeitweilige Isolation erklären. Dabei soll das Gebiet des heutigen Regenwaldes wiederholt in weiten Bereichen Savannenvegetation getragen haben. Die schnelle Ausbreitung des Regenwaldes nach Einsetzen humiderer Klimabedingungen wird aus einzelnen 'Rückzugsinseln' heraus erklärt. Aus Nord-Rondonia kann HAMMEN ein mehrfaches Oszillieren semiariden und humiden Klimas während des Pleistozäns durch Pollenprofile belegen. HAFFER (1969; 1971) kommt bei der Betrachtung der amazonischen Vogelwelt zu ähnlichen Ergebnissen. SIMPSON-VUILLEUMIER (1971) bestätigt durch Untersuchungen der Flora und Fauna Süd-Brasiliens ebenfalls Klimaschwankungen während des Pleistozäns. Danach können zahlreiche andine Arten nur während der Glazialzeiten nach Süd-Brasilien eingewandert sein. Auch die 'campos' oder Niedergrassteppen Süd-Brasiliens sind nach Ansicht vieler Autoren als Relikte eines semiariden Klimas zu deuten (MAACK 1931; HUECK 1966; KLEIN 1975). Unklar ist der Anteil der anthropogenen Mitwirkung, die die heutige Wald-campos-Verteilung durch Brandrodung zumindest modifiziert hat (BIGARELLA & AB' SABER 1964:304). Andere Autoren, wie z.B. WILHELMY (1952), korrelieren die nordhemisphärischen Kaltzeiten mit Pluvialzeiten im extraandinen Südamerika. Warm-aride Phasen werden entsprechend den Interglazialen zugeordnet. BÜDEL (1971; 1977) zählt die Region um Curitiba zum 'randtropischen Bereich exzessiver Flächenbildung', der keine einschneidenden Klimaänderungen während des Quartärs erfahren haben soll (vergl. BREMER 1971; 1979). KLAMMER (1981) weist ebenfalls einen oszillatorischen Klimawechsel während des Pleistozäns zurück, der ausgereicht hätte, die geomorphologischen Formungsprozesse zu ändern und in Richtung Flächenbildung zu aktivieren. Er stellt dabei aber die Temperaturerniedrigung während der Kaltzeiten in den Vordergrund, die, basierend auf ^{16}O-^{14}O-Daten, nur 2 - 3 ^{o}C betragen haben soll. Dabei vernachlässigt er aber wohl, daß bereits geringfügige Schwankungen der Humidität, absolut oder in der jahreszeitlichen Verteilung, Änderungen in der Vegetation hervorrufen. Eine Auflichtung der Vegetation und stärkere Akzentuierung der Niederschläge können dann sehr wohl in der besprochenen Art und Weise die Morphogenese steuern (BIGARELLA 1964; TRICART 1972:243; ROHDENBURG 1982). BIGARELLA sieht also in der Tatsache der episodischen Flußeintiefungen die Auswirkungen von Klimawechsel während des Tertiärs und Quartärs. Der bis in die jüngste Vergangenheit aktiven Tektonik schreibt er nur modifizierende, verstärkende Wirkung zu (BIGARELLA & MOUSINHO 1966:154). Andere Geologen, wie z.B. KING (1956), sehen die zyklische Einschneidung nur als Folge der Tektonik.

Die Altersstellung der verschiedenen Pedimentationsphasen ist nicht eindeutig geklärt. Relativ weitgespannten tertiären Pediplains stehen darin eingetiefte Pedimente gegenüber. Pleistozäne Ariditätsphasen mit Flächenbildung versucht BIGARELLA mit nordhemisphärischen Kaltzeiten zu korrelieren. Die Abb. 4 zeigt eine schematische Abfolge der Flächenniveaus und ihrer vermutlichen Altersstellung. Die höchsten im Arbeitsgebiet auftretenden Flächenreste liegen im Pd_2-Niveau bei 970 m ü.M.. Flächenhaft dominierend ist das pliozän/pleistozäne Pd_1-Niveau bei 900 m ü.M.. In die Pediplain Pd_1 haben sich die beiden Pedimente P_2 und P_1 eingetieft. Das Entwässerungssystem des Rio Ribeira, das sich mit der Zerschneidung von Pd_2 entwickelte, entwässerte nur entlang der alten tektonischen Linien und führte in der humiden post-Pd_1-Phase zu intensiver Zerschneidung der Pd_1-Fläche (BIGARELLA et.al. 1979:20). Es entwickelten sich Täler, in denen in der erneuten semiariden Phase relativ kleine Pedimente gebildet wurden. Aus dieser Zeit sind im Arbeitsgebiet Reste einer intramontanen Ebene erkennbar. Am Talausgang quert ein Quarzitgang den Wasserlauf (R 654500/H 7201900). Die Rahmenhöhen liegen im Pd_1-Niveau, die Ebene selbst war im P_2-Niveau entwickelt. Erneute Humidität in der post-P_2-Phase hat diese Ebene wieder zerschnitten, da die lineare Erosion dominierte (vgl. SEMMEL 1963).

Im Jungpleistozän nimmt die Dauer und/oder Intensität der Ariditätsphasen ab, so daß keine Pedimente mehr gebildet werden. Änderungen im Wasserhaushalt und unzureichende Bodenbedeckung erlauben aber noch die Verlagerung von Material am Hang und den Transport von Grobmaterialien in den Flüssen. Es bilden sich Schotterterrassen aus, die durch nachfolgende Feinmaterialverlagerung am Hang weitgehend zugeschüttet werden. So entstehen 'kolluviale Rampen' mit stärkerer Hangneigung (BIGARELLA & MOUSINHO 1965 b; vgl. Abb. 4).

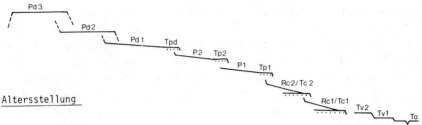

Altersstellung

Pd 3 - Oligozän
Pd 2 - Obermiozän/Unterpliozän
Pd 1 - Oberpliozän/Altpleistozän
P 2 - Pleistozän
P 1 - Pleistozän
Tc 2 - Würm
Tc 1 - Würm
Tv   - Holozän

Abb. 4 Schematische Abfolge der unterschiedlichen Erosions- und Sedimentationsniveaus (BIGARELLA & MOUSINHO 1965b:160).
Pd = Pediplain; P = Pediment; Rc = kolluviale Rampen; Tpd, Tp, Tc, Tv, To = Terrassen

In einer letzten pleistozänen Aktivitätsphase, für die ROHDENBURG (1982:104) ein Alter von 46000 - 11000 B.P. angibt, kommt es nochmals zu Materialverlagerung am Hang. Eine Feinmaterialdecke mit basaler Steinlage überzieht alle Reliefeinheiten wie ein dünner Schleier. Da dieses jungpleistozäne Material das anstehende Gestein sowie ältere Rotlehme überlagert bzw. abdeckt und weiterhin ein typisches Korngrößenspektrum aufweist, wurde es von mir im folgenden als 'Decklehm' bezeichnet. Der Decklehm stellt damit ein Pendant zu dem vor allem in der angelsächsischen Literatur weitverbreitenden Begriff 'hillwash' dar, der zudem mit einer genetischen Implikation belastet ist (s. Kap. 7.2.1). Der Übergang zum

Holozän bedingt wohl vorwiegend humides Klima mit Bodenbildung, linearer Erosion und Zerschneidung der Flächen. Die Flüsse sind in der Regel nur noch zum Transport von Feinmaterial befähigt. Hochflutlehm bedeckt die jüngste Schotterterrasse des Arbeitsgebietes. Die basale Steinlage des Decklehms ist auf dieses Niveau eingestellt. Es gibt jedoch Hinweise von anderen Flüssen Süd-Brasiliens, die noch einen holozänen Grobmaterialtransport in einer entsprechenden Trockenphase belegen (BIGARELLA & BECKER 1975; SEMMEL & ROHDENBURG 1979; vergl. Kap. 7.2.2).

In den, den einzelnen Pedimentationsphasen folgenden, humiden Perioden haben sich nach BIGARELLA entsprechend den verschiedenen Niveaus Böden mit charakteristischen unterschiedlichen Farben entwickelt (BIGARELLA et al. 1975:458). Die ältesten violetten Böden werden danach in der humiden post-Pd_1-Phase durch rötliche Böden abgelöst. Dunkelbraune Böden sind für das P_2-Niveau und gelblich-hellbraune Böden für das P_1-Niveau typisch. Als jüngste fossile Bodenbildungen gelten Humushorizonte des Jungwürm. Diese Beobachtung konnte im Arbeitsgebiet nicht gemacht werden. Hier konnte ein eindeutiger Zusammenhang zwischen geologischem Ausgangssubstrat und Bodenbildung aufgezeigt werden, unabhängig von der Höhenlage. So finden sich sowohl Parabraunerden auf den höchsten Verebnungen als auch Rotlehme bis in das Niveau der Vorfluter. Ursache dafür könnte die hohe Reliefenergie des Gebietes sein. Die Pedimente sind im anstehenden Gestein entwickelt, eine Bedeckung durch 'Kolluvien' im Sinne BIGARELLA's fehlt bzw. ist nur lokal eng begrenzt vorhanden (BIGARELLA et al. 1965 a; 1965 b). Die korrelaten Sedimente sind durch die starke Ausräumung abtransportiert. Nur der jungpleistozäne Decklehm kennzeichnet eine Änderung der bodenbildenden Prozesse. Im Gegensatz zum liegenden Rotlehm sind darin auf den metamorphen Gesteinen vor allem Parabraunerden entwickelt (s. Kap. 8).

7.2 Der jungpleistozäne Formenkomplex

7.2.1 'Decklehm' und Steinlagen

Das Anstehende ist in der Regel durch eine etwa einen Meter mächtige, braune Feinmaterialdecke verhüllt, die mit ihrer basalen Steinlage alle Reliefelemente überzieht. Für diese, oft als 'hillwash' bezeichnete Decke aus schluffigem Lehm bis tonigem Lehm, wird im folgenden der genetisch flexiblere Ausdruck 'Decklehm' verwendet. Steinlagen wurden aus Brasilien schon im 19. Jahrhundert beschrieben (HARTT 1870; in: VOGT 1966:6). Auch im Zusammenhang mit Gold- und Edelsteinfunden der ersten Kolonisten wurden sie erwähnt. LEHMANN (1957:69) beschreibt aus

Süd-Brasilien Steinlagen, die ein braunes 'Decksediment' von einem liegenden roten Lehm trennen, der im kristallinen Zersatz entwickelt ist. Die Literatur zeigt die Verbreitung von Decklehm und Steinlagen in weiten Bereichen der Tropen und Subtropen auch in anderen Kontinenten. Eine zusammenfassende Arbeit für den brasilianischen Raum liefert AB'SABER (1962). Die wohl interessanteste Frage bezüglich der Steinlage besteht darin, ob sie als Indikator für eine Diskordanz und damit als Beleg für eine ehemalige Geländeoberfläche angesehen werden kann. Die Meinungen gehen dabei weit auseinander und eine Vielzahl von Erklärungsmöglichkeiten wurden geliefert, ohne letztlich zu einem einheitlichen Resultat zu kommen. Die grundlegenden Interpretationen seien noch einmal kurz dargelegt (vergl. RUHE 1959; AB'SABER 1962; VINCENT 1966; VOGT 1966; TRICART 1972; THOMAS 1974):

a) Die Steinlage zeigt eine ehemalige Oberfläche an. Sie ist unter ariden Klimabedingungen mit aufgelockerter Vegetation entstanden. Durch Auswaschung von Feinmaterial kommt es zu einer relativen Anreicherung der Grobkomponenten. Das Klima war wahrscheinlich ähnlich dem heutigen Savannenklima (VINCENT 1966; TRICART 1972).

b) Die Steinlage zeigt eine ehemalige Oberfläche an. Vegetationsauflichtung, Starkregen und erhöhter Oberflächenabfluß unter semiaridem Klima führen zu der Verlagerung von Material am Hang bis zu Korndurchmessern von mehreren Zentimetern. Dadurch entsteht ein allochthones Schuttpflaster. Läßt die Transportkraft nach, wird nur noch Feinmaterial verspült (SEMMEL & ROHDENBURG 1979).

c) Die Steinlage und der Decklehm entstehen durch die Tätigkeit der Bodenfauna. Entscheidend ist hierbei der selektive Transport der Bodenpartikel durch die Termiten (NYE 1955/56).

d) Feinmaterial und Steinlage werden als fluviatile Ablagerung gedeutet (VINCENT 1966:84f; ROHDENBURG 1982:102).

e) Bodenfließen, 'soil creep' oder solifluktionsartige Bewegungen führen zu Materialverlagerung am Hang unter humiden Klimabedingungen (RUHE 1959:226; TRICART 1972:145; YOUNG 1972:48f).

f) Äolische Anwehung des Decklehms (LICHTE 1980; BIBUS 1983).

Prinzipiell sind sicher alle geschilderten Vorgänge möglich, und es ist in jedem

Einzelfall zu prüfen, welcher Prozeß dominiert. Für sehr wahrscheinlich halten wir auch die Kombination verschiedener Prozesse, wie dies u.a. ROHDENBURG (1970 a :67) und SEMMEL (1977:98) einräumen. Im Arbeitsgebiet sprechen viele Faktoren für eine allochthone Entstehung der Steinlagen und der darüber liegenden Feinmaterialdecke durch Verspülung am Hang. Auffälligstes Merkmal ist hierbei die petrographische Zusammensetzung der Steinlage. Im wesentlichen besteht sie aus Quarzen, daneben kommen je nach geologischem Untergrund bzw. Liefergebiet auch Quarzite, Phyllite, Glimmerschiefer, Migmatite, Kalke und Basalte, stellenweise auch Pisolithe, vor. Eindeutig konnte der Transport der Grobkomponenten an Stellen nachgewiesen werden, wo am Hang Gesteinswechsel erfolgt. Dort sind fast immer bis in die Tiefenlinie hinein Fremdbestandteile in der Steinlage festzustellen, die die Steinlage selbst und den darüber liegenden Decklehm eindeutig als 'Hangsediment' ausweisen.

Steinlagen sind an schwer verwitterbare Komponenten gebunden. Aus diesem Grund treten sie vor allem unterhalb von Quarzgängen sehr deutlich in Erscheinung Die Bestandteile sind meist kantig und mit Ausnahme von Basaltwollsäcken selten größer als 2 - 3 cm. Vor allem an Unterhängen sind aber auch recht oft gut gerundete Kiese anzutreffen, die stellenweise einen Durchmesser bis zu 25 cm erreichen. Hierbei handelt es sich wahrscheinlich in allen Fällen um umgelagertes Terrassenmaterial. In zahlreichen Aufschlüssen konnte ein Einsetzen der gut gerundeten Komponenten unterhalb von Schotterterrassen beobachtet werden. Dies kann auch nicht weiter verwundern, da durch das Einstellen der Steinlagen auf den jüngsten Terrassenkörper der T_5 eindeutig eine post-terrassenzeitliche Entstehung der Steinlagen und des Decklehms angenommen werden kann. Die Steinlagen sind nicht überall vorhanden, manchmal bilden sie ein durchgehendes Band, manchmal sind sie aber nur durch einzelne Steine angedeutet. Ihre Mächtigkeit schwankt zwischen einem Zentimeter bis hin zu einigen Dezimetern, wo sie als regelrechtes 'Schuttpaket' vor allem an Unterhängen auftreten können. Eindrucksvoll aufgeschlossen ist so ein mächtiger Gesteinsschutt an der Hauptstraße im westlichen Teil des Arbeitsgebietes, bei R 653370/H 7203350. Hier wird der anstehende Phyllit von einem 60 - 70 cm mächtigen Kalkschutt überlagert, in dem eine Rendzina entwickelt ist. Der Kalkstein stammt von einer kleinen Linse wenig hangoberhalb. Die Unterkante des Decklehms und der Verlauf der Steinlagen sind wellenförmig (s. Abb. 5). Die Grenze zum liegenden Rotlehm bzw. Gesteinszersatz ist scharf. Die Quarzgänge enden abrupt an dieser Linie, die eine ehemalige Oberfläche anzeigt. Stellenweise setzt die Steinlage auch aus, und der Decklehm wird mächtiger. Dies sind die Anzeichen alter Rinnensysteme, die die ehemalige Oberfläche zergliedern. In den

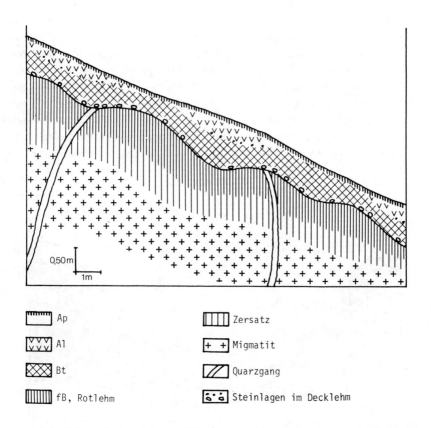

⌐⌐⌐⌐ Ap	⫼⫼⫼ Zersatz
VVV Al	+ + Migmatit
⌧⌧⌧ Bt	▱ Quarzgang
⫼⫼⫼ fB, Rotlehm	⚬⚬ Steinlagen im Decklehm

Abb. 5 Schematisches Bodenprofil einer erodierten Parabraunerde (Acrisol) aus Decklehm über Rotlehm aus Migmatit

Rinnen wurden die Grobbestandteile ausgeräumt, die Hohlform später mit Feinmaterial verfüllt (vergl. ROHDENBURG 1970 a:67; SEMMEL 1977:98).

Das oft geschilderte Fehlen von Steinlagen im Basaltrotlehm und das damit verbundene Nichterkennen von Schichtigkeit kann folgendermaßen erklärt werden: Erstens fehlen die groben Bestandteile wegen der charakteristischen Basaltverwitterung, die vorwiegend kleine Korngrößen produziert (SEMMEL 1982 b). Der Basalt ist auch nicht von Quarzgängen durchsetzt, die den Hauptanteil der Steinlagen liefern. Weiterhin ist er gegenüber den anderen Gesteinen des Arbeitsgebietes morphologisch hart und tritt meist als Kuppe oder Rücken in Erscheinung. Somit fehlt ihm also ein höher gelegenes Liefergebiet. Nur an wenigen Stellen, an denen der Basalt ein höheres Hinterland hat, oder wo er von Terrassen überlagert ist, sind im Rotlehm in entsprechender Tiefe Steinlagen zu finden, die das Hangende als allochthon charakterisieren. Bei relativ geringmächtiger Rotlehmdecke und einer reinen Basalt-Steinlage an der Verwitterungsbasis können die Wollsäcke oft eine Diskordanz nur vortäuschen, da sie auch autochthon hier entstehen können (SEMMEL 1982 b). Bei gesteinsfremden Komponenten, oder bei dem Übergreifen der Basalt-Wollsäcke auf Fremdgestein, läßt sich die Frage der Materialbewegung jedoch eindeutig klären (s. Abb. 6).

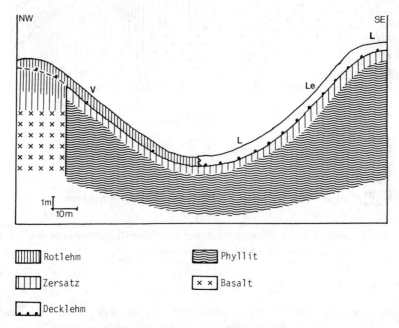

Abb. 6 Deckschichten-Entwicklung im Bereich einer Basaltkuppe.
Roter Decklehm aus basaltischem Material und brauner Decklehm des Phyllitgebietes verzahnen sich in der Tiefenlinie

V Rotlehm (Latosol); L Parabraunerde (Acrisol);
Le erodierte Parabraunerde (Acrisol)

Die Steinlagen und ihre Zusammensetzung beweisen also einen Transport des darüberliegenden Materials, sowohl auf Phyllit, Glimmerschiefer und Migmatit, als auch z.T. innerhalb des Basaltrotlehms. Der Unterschied besteht darin, daß der Decklehm auf Basaltrotlehm, von wenigen Ausnahmen abgesehen, aus Rotlehmmaterial mit leuchtend roter Farbe besteht, während er auf den anderen genannten Gesteinen Parabraunerden mit typisch hell- bis dunkelbrauner Farbe entwickelt hat. Bei kleineren Kuppen und Dellen, wie sie die Abb. 6 zeigt, verzahnen sich die beiden unterschiedlich gefärbten Decklehme in der Tiefenlinie. Der Decklehm bildet in der Regel, bei nicht erodierten Standorten, die heutige Bodenoberfläche. Er hat durchschnittliche Mächtigkeiten von 1 - 1,50 m. Hangabwärts nimmt er zu und kann in geschützten Lagen auch mehrere Meter mächtig werden. Die Abhängigkeit des Decklehms vom Ausgangsgestein wurde bereits angesprochen. Eine allochthone Komponente muß wie bei der Genese der Steinlage angenommen werden. Dabei muß die Lieferung von Feinmaterial zeitweise unterbrochen worden sein, so daß sich Humushorizonte ausbilden konnten. Eventuelle kurze Klimaschwankungen innerhalb der semiariden Phasen, hin zu erhöhter Humidität, könnten zu einem Aufkommen dichterer Vegetation mit Oberflächenstabilisierung geführt haben, so daß eine Bodenbildung einsetzte. Diese fossilen A_h-Horizonte wurden mehrfach von BIGARELLA & BECKER (1975), SEMMEL & ROHDENBURG (1979) und ROHDENBURG (1982) beschrieben und durch ^{14}C-Analysen datiert. Im Arbeitsgebiet wurden mehrfach zwei solcher fA_h-Horizonte beobachtet, Altersbestimmungen konnten auf Grund des geringen C-Gehaltes nicht durchgeführt werden. Die Werte von SEMMEL und ROHDENBURG belegen für die fossilen Humushorizonte und damit für den Decklehm ein jungpleistozänes Alter (SEMMEL & ROHDENBURG 1979; ROHDENBURG 1982:104). Diese jungpleistozäne 'Aktivitätsphase' umfaßt damit einen Zeitraum von 46000 - 11000 B.P. Die große Mächtigkeit der fA_h-Horizonte, die 50 cm und mehr erreichen, spricht für aridere Klimabedingungen als heute, da die rezenten Humushorizonte unter Wald wesentlich schwächer entwickelt sind. Allerdings muß man hierbei berücksichtigen, daß es sich in den meisten Fällen um recht junge Sekundärwälder handelt. Wahrscheinlich dominierten im ausgehenden Pleistozän schon humide Verhältnisse mit dichter Vegetation und Oberflächenstabilisierung. Relativ kurze Schwankungen hin zu erhöhter Aridität führten dann zu Auflockerung der Vegetation mit Hangzerschneidung und Materialverlagerung am Hang. Bei erneuten humiden Verhältnissen konnte sich die Vegetationsdecke wieder schließen und Bodenbildung setzte ein (ROHDENBURG 1982:106). Außer an den fA_h-Horizonten ist auch an Steinlagen innerhalb der Feinmaterialdecke zu erkennen, daß die Decklehmbildung in mehreren Phasen erfolgte (vergl. ROHDENBURG 1970 a:67). So wurde verbreitet an der Basis der A_1-Horizonte der Parabraunerden eine feine Steinlage beobachtet, die eine Diskordanz zwischen A_1- und B_t-Horizont anzeigt. Auch hier sind Fremdgesteine

enthalten. Sie zeigen in der Regel keine Zurundung und sind meist kleiner als
1 cm im Durchmesser. Das Material ist stark verwittert und brüchig. Diese Steinlage zieht nicht über größere Strecken durch, wie dies für die Steinlage an der
Basis des B_t-Horizontes charakteristisch ist. Oft sind es nur einzelne Steine im
Abstand von 20 - 30 cm und mehr, die eine Steinlage andeuten. Hinzu kommt der relativ kleine Korndurchmesser. Eine Beteiligung von jungem Kolluvium kann nicht
überall ausgeschlossen werden, da fast das gesamte Gebiet landwirtschaftlich genutzt wird. Dagegen spricht aber in vielen Fällen die gleichmäßige Tiefenlage und
das Auftreten auch im Wasserscheidenbereich. Fremdbestandteile in beiden Steinlagen und die direkte Beziehung zwischen Decklehm und Ausgangsgestein dokumentieren im Arbeitsgebiet eindeutig einen erheblichen Anteil an Sedimenttransport, der
bei der Genese des Decklehms beteiligt war. "Dabei ist es zu Materialverlagerungen
gekommen, die teilweise das Ausmaß ehemaliger periglazialer Umlagerung in Mittel-
europa durchaus erreichen" (SEMMEL & ROHDENBURG 1979:216).

Erhebliche Materialverlagerungen im Jungpleistozän, die an der Genese des Decklehms beteiligt waren, sind also klar zu erkennen, reichen jedoch zur Erklärung
aller auftretenden Phänomene nicht aus. Durch Verspülung allein fällt es schwer,
die häufige Kuppenlage des Decklehms zu verstehen. Decklehm und Steinlagen sind
reliefkonform entwickelt und ziehen selbst über isolierte Kuppen und Rücken hinweg ('Halbe Orangen', 'Meias laranjas') bis in die höchsten Teile des Arbeitsgebietes. Will man die Genese nur durch Verspülung erklären, müßte zur Decklehmzeit
ein höheres Liefergebiet bestanden haben. Dann müßten aber der holozänen Geomorphodynamik noch beträchtliche Abtragungsbeträge zuerkannt werden, die die hoch auf-
ragenden Kuppen und Flächenreste des Arbeitsgebietes isoliert hätte. Diese Er-
klärungsmöglichkeit scheidet unserer Meinung nach also aus. Der hohe Schluffgehalt
des Decklehms von teilweise über 50 % könnte auf äolische Entstehung hindeuten.
Hierfür wurden jedoch bisher noch keine eindeutigen Beweise geliefert. Schon MILLS
(1889, in: VOGT 1966:24) hat für die Verwehung des Feinmaterials ein Trockenklima
während des Pleistozäns vermutet. LICHTE (1980) belegt die äolische Herkunft des
Decklehms durch den geringen Verwitterungsgrad im Vergleich zum anstehenden Gesteinszersatz. Er stellt im Decklehm erhöhte Feldspatanteile und einen höheren Tongehalt fest, im Gegensatz zum Liegenden, das einen höheren Kaolinitanteil aufweist.
Einen nennenswerten Anteil äolisch geformter Quarzkörner kann er nicht beobachten.
Da wir bei der Verspülung des Decklehms davon ausgehen, daß frisches Material mit
eingemischt wird, ist der geringere Verwitterungsgrad nicht verwunderlich und
kein Beweis für eine äolische Anlieferung. Der hohe Tongehalt des Decklehms

kann durch Bodenbildung und eventuelle Beimischung von Rotlehmmaterial erklärt werden. In allen Fällen sind im braunen Decklehm Parabraunerden entwickelt. Außerdem nimmt der Tonanteil nach unten in der Regel zu und wird im liegenden Rotlehm am größten, eine Tatsache, die oft übersehen wird. Nur auf Phyllit fehlt in der Regel der unterlagernde Rotlehm (s. Kap. 8.2). Durch äolische Anlieferung kann natürlich die Kuppenlage des Decklehms leicht erklärt werden. Eigene Untersuchungen konnten keine eindeutige Luv- und Lee-Lage feststellen, was allerdings bei der Betrachtung der vorherrschenden Windrichtungen nicht verwundert (vergl.Abb.3). Natürlich müßten hierzu aber genauere Untersuchungen zur jungpleistozänen Windzirkulation in diesem Raum gemacht werden. ROHDENBURG (1982) deutet die 'Halben Orangen' als Reste älterer Talböden. Das mag für die entsprechenden Gebiete in Talbereichen und im Vorland der Serra do Mar zutreffen, kann aber nicht verallgemeinert und auf das 'Acungui-Bergland' übertragen werden. Der Decklehm überzieht hier isolierte Kuppen bis in das Pd_2-Niveau, dem obermiozänes bis unterpliozänes Alter zugeordnet wird (BIGARELLA 1979). Außerdem bestehen die Kuppen aus kernfrischem Gestein. Die Anwesenheit des Decklehms und der Steinlagen auch auf hohen isolierten Kuppen und Rücken macht aber die Beteiligung eines anderen Prozesses als lediglich der Verspülung notwendig. Ob hierbei die Bodenfauna beteiligt ist, oder ob der äolischen Anlieferung ein erheblicher Stellenwert beigemessen werden muß, sei dahingestellt und konnte auch im Gelände nicht geklärt werden. Betrachtet man edaphisch trockenere Standorte des 2. Planaltos, z.B. auf Sandstein, so findet man oft das flächenhafte Auftreten von ca. 1,50 m hohen Termitenhügeln in einem Abstand von 10 - 20 m. Als Gegenargument der Termitentätigkeit werden oft die fA_h-Horizonte aufgeführt, die dann evtl. zerstört sein müßten. Das Auftreten der fossilen Humushorizonte, vor allem in Muldenlagen und Unterhangbereichen, sowie das meist nur geringe Durchhalten der Horizonte, kann aber die Tätigkeit der Bodenfauna nicht ausschließen. Zu dem Problem der fehlenden braunen Bodendecke auf Basaltrotlehm siehe Kap. 8.2. Es kann also festgehalten werden, daß bei der Entstehung des Decklehms wahrscheinlich mehrere Prozesse beteiligt waren. Unzweifelhaft ist aber, daß es bei einsetzender Hangneigung zu erheblicher Materialverlagerung kam. Ein Gesichtspunkt, der gegen äolische Anlieferung spricht, ist das Fehlen jeglichen braunen Feinmaterials auf Basaltkuppen. Petrographische Unterschiede des Untergrundes dürften aber bei äolischer Fremdanlieferung keine Rolle spielen.

7.2.2 Terrassen

Schotterterrassen sind im Arbeitsgebiet wegen der oft V-förmigen Täler nicht sehr

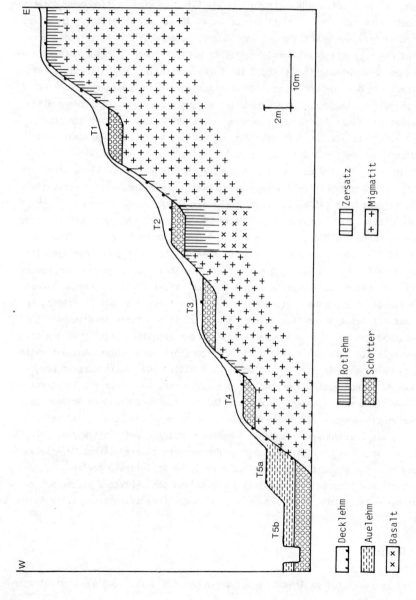

Abb. 7 Schematisches Profil einer Terrassentreppe im Bereich des Rio Conceição

verbreitet. Nur in Talweitungen sind zum Teil mehrere ältere Niveaus erhalten. Dabei treten wiederholt bestimmte Höhenlagen auf, so daß insgesamt fünf Schotterkörper unterschieden werden konnten. BIGARELLA beschreibt ebenfalls fünf Terrassen vom Itajai Mirim (BIGARELLA et al. 1975:232; vergl. Abb. 4). Hierbei zählt er allerdings die älteren Terrassen (Tpd, Tp_2, Tp_1) mit, die im Arbeitsgebiet in entsprechenden Niveaus nicht nachgewiesen werden konnten. Hier bezieht sich die Anzahl 'fünf' lediglich auf das TC- bzw. Tv-Niveau (s. Tab. 2). Diese Beobachtung wird durch Angaben von BIGARELLA bestätigt, der innerhalb der TC_1- und TC_2-Terrassen Diskordanzen feststellt, so daß diese jeweils zweigeteilt sind (BIGARELLA et al. 1975:421). Schön entwickelt ist die typische Terrassenabfolge des Arbeitsgebietes an der 'Igreja de n. Sra. do Campo', R 654260/H 7202250 (s. Abb. 7). Die Terrassen sind von T_1 bis T_5 durchnumeriert, wobei T_1 das älteste und T_5 das jüngste Niveau darstellt. Auf der T_5 ergibt sich eine weitere Differenzierung durch die Mächtigkeit des Hochflutlehms, so daß die Terrassen in T_{5a} und T_{5b} unterteilt wurden. Zum Vergleich der Bezeichnungen siehe Tab. 2:

BIGARELLA & MOUSINHO (1965 b)	VEIT (1983)	
TC_2	T_1	
	T_2	Pleistozän
TC_1	T_3	
	T_4	
-	T_5	
T_v	T_{5a}	Holozän
T_o	T_{5b}	

Tab. 2 Parallelisierung der unterschiedlichen Terrassenniveaus

Oftmals sind die Terrassen mit mächtigem Decklehm verkleidet und morphologisch nur schwer zu erkennen. Sie zeigen Wechsellagerungen von Kiesen mit schluffigen bis sandigen Substraten, die eine deutliche Schichtung aufweisen. Die Schotterakkumulationen selbst sind selten mächtiger als 1 m und nehmen in der Regel den obersten Abschnitt eines Terrassenkörpers ein. Darin sind postsedimentäre, vermutlich jungwürmzeitliche, Umlagerungen zu erkennen. Hangabwärts bestehen die Steinlagen dann größtenteils aus gut gerundeten Kompomenten.

Die rezente Talsohle wird durch die T_{5b} gebildet. Sie baut sich aus ca. einem Meter mächtigem Hochflutlehm über Kiesen und Sanden der T_5 auf. Das Grundwasser stand zur Zeit der Untersuchung (Juni - Oktober) bei etwa 1,10 m unter Flur. Der typische Boden ist ein Auengley mit A_h-M-G_o-G_r-Profil (s. Kap. 8.3.9). Die Nutzung erfolgt ausschließlich als Weideland.

Die T_{5a} liegt mit ihrer Obergrenze etwa einen Meter höher. Dadurch erreicht die Hochflutlehmauflage ca. zwei Meter über den liegenden Kiesen und Sanden der T_5. Der Boden zeigt ein $A_{h/p}$-M-Profil und wurde als 'Brauner Auenboden' angesprochen (s. Kap. 8.3.9). Neben der Weidenutzung erfolgt hier vereinzelter Anbau von Hackfrüchten. Die hangaufwärts zu verfolgende Steinlage an der Basis des Decklehms ist auf den Schotterkörper der T_5 eingestellt. Der Decklehm selbst taucht randlich unter die Hochflutlehmauflage ab. Damit ist die T_5 vermutlich würmzeitlich.

Holzreste in Schotterkörpern anderer Flüsse Süd-Brasiliens ergaben ^{14}C-Alter von 10200 ± 100 B.P. (BIGARELLA & BECKER 1975) bzw. 22620 ± $^{1030}_{870}$ B.P. (SEMMEL & ROHDENBURG 1979). Trotz der Unterschiede liefern diese Zahlen Hinweise für den Transport von Schottern bis ins Jungwürm. Mit dem Holozän beginnt in der Regel auch die Hochflutlehmsedimentation. Es gibt jedoch auch Anzeichen, daß im mittleren Holozän noch einmal der Transport von Grobmaterialien möglich war. Datierungen von Holzresten in einem Schotterkörper am oberen Iguaçu bei Curitiba ergaben ein ^{14}C-Alter von 3290 ± 80 B.P. (SEMMEL & ROHDENBURG 1979:212). Ähnliche Hinweise kommen auch von Seiten der Zoologen (MÜLLER 1969) und Botaniker (KLEIN 1975). In der T_{v2}-Terrasse des Rio Pinheiros in São Paulo wurden ^{14}C-Alter von 2420 ± 220 B.P. gemessen. Ähnliche Werte erhalten BIGARELLA & BECKER (1975) mit 2400 - 2700 B.P. vom Rio Pirai in Sta. Catarina. Die Klimabedingungen zur Zeit der Ablagerung des Auelehms waren wahrscheinlich humid. Dafür sprechen auch Datierungen von Meeresterrassen, die einen höheren Meeresspiegelstand dokumentieren. In der Paranagua-Bucht ergab eine Küstenterrasse, ca. 1,50 m über der heutigen Meeresoberfläche, ein ^{14}C-Alter von 2675 ± 150 B.P. Die Datierung einer T_{v1}-Terrasse ergab ein Alter von 1600 B.P. (BIGARELLA & BECKER 1975:245). Die Oberfläche des T_4-Schotterkörpers liegt ca. drei Meter über der T_{5b}-Terrasse. Die Kiese sind von Decklehmmaterial überlagert, in dem eine Parabraunerdebildung stattgefunden hat. Die T_3-Terrasse liegt etwa vier Meter höher und zeigt einen ähnlichen Aufbau wie die T_4. Auch hier liegt Decklehm auf den Kiesen. Auf diesem Niveau steht die Kirche 'Igreja de n. Sra. do Campo'.

Nur wenig darüber, bei ca. neun Meter über dem T_{5b}-Niveau, beginnt die T_2-Terrasse.

Sie hat an dieser Stelle einen Basaltrotlehm gekappt. Die hangenden Kiese sind ungefähr 50 cm mächtig und mit Decklehm überlagert, in dem eine Parabraunerde entwickelt ist. Der Rotlehm scheint 'in situ' gebildet zu sein, mit großen Wollsäcken, die dicke Verwitterungsrinden tragen. Die fluviatile Erosion und die nachfolgende Materialzufuhr vom Hang hat die Sedimentation von Decklehmmaterial ermöglicht, so daß durch die Beimengung von frischem, nichtbasaltischem Material die Bildung einer Parabraunerde über dem Basaltrotlehm möglich war.

Als höchstes Terrassenniveau wurde die T_1 ausgewiesen. Sie liegt etwa fünfzehn Meter über der Talaue, ihr Aufbau entspricht dem der T_3- und T_4-Terrasse. Weitere Verebnungen treten bei 20 m und 40 m über der Aue auf, sie sind jedoch ohne Schotterbedeckung. Da das P_1-Niveau erst bei ca. 70 m über der Talaue beginnt, ist die Zuordnung der beiden genannten Niveaus nicht eindeutig vorzunehmen. Bodentypologisch sind auf den 20 m - und 40 m - Niveaus Parabraunerden aus Decklehm über Rotlehm aus Migmatit entwickelt (s. Kap. 8.3.7).

7.2.3 Karsterscheinungen

Ein Großteil des Arbeitsgebietes liegt im Bereich des Dolomits, der Kalkstein nimmt nur geringe Flächen ein. Hier sind zahlreiche Dolinen ausgebildet. Aufgrund der hohen Reliefenergie sind sie nur in flacheren Hangbereichen und Talweitungen gut zu erkennen. Letztere sind häufig an das Auftreten von verkarstungsfähigem Gestein im Untergrund gebunden. Die Dolinen sind mit Kolluvium bzw. in der Talaue mit Hochflutlehm verfüllt. Entsprechend treten als Bodentypen Ranker, Braune Auenböden und Gleye auf. Im Übergangsbereich Phyllit/Dolomit im südöstlichen Teil des Untersuchungsgebietes ist eine Karstrandebene entwickelt, die von dem Rio Conceição durchflossen wird. Die Abb. 17 zeigt einen Querschnitt durch diese Ebene im Bereich des Dolomit. Aus dem Kristallin kommend, hat der Rio Conceição hier Schotterterrassen abgelagert, die im wesentlichen aus Quarz und Quarzit bestehen. Darüber liegt 1 - 2 m mächtiger Hochflutlehm. Die ebene Talaue ist durch zahlreiche Dolinen untergliedert.

Abflußlose Hohlformen sind aber nicht nur auf Dolomit und Kalkstein, sondern auch auf Phyllit und Migmatit anzutreffen. Sie treten hier bevorzugt im Wasserscheidenbereich auf und tragen in vielen Fällen Gleye. In einem Fall ging die Entwicklung bis zum Niedermoor (R 655120/ H 7202970). Die Hohlform liegt auf Migmatit. Eine tektonische Störung läuft unweit vorbei. Bis zu 1,20 m mächtiger Niedermoortorf überlagert hier einen grauen Basaltlehm, der die Form nach unten hin abdichtet.

Das basaltische Verwitterungsmaterial stammt von umrahmenden Basaltstielen. Eine Mischprobe des Torfs von 0,60 - 1,20 m Tiefe ergab ein ^{14}C-Alter von 2255 ± 50 B. P. Dies bestätigt die Werte von BIGARELLA & BECKER (1975), die für diese Phase durch Datierungen von Auelehm und älteren Küstenterrassen ebenfalls eine erhöhte Humidität annehmen. Es stellt sich die Frage nach der Genese der Hohlformen im kristallinen Bereich. Will man keine 'subterrane Materialabfuhr' (BREMER 1979) oder 'Pseudokarsterscheinungen' im Kristallin annehmen (GENSER & MEHL 1977; BRICHTA et al. 1980), bleibt wohl nur noch die Möglichkeit, daß linsenartig eingeschaltete Kalke, Marmore und Dolomite im Untergrund auftreten. Diese linsenartige Lagerung der Kalkgesteine ist für die Acungui-Serie typisch (LOPES 1966). Vielleicht ermöglichen Verwerfungen, wie sie für den Niedermoorbereich auf der geologischen Karte vermerkt sind, den Wasserzutritt in tiefere Schichten, wo evtl. Kalke gelöst werden können. Bekannt sind solche Erscheinungen aus dem Nationalpark von Campinhos, ca. 75 km nordwestlich von Curitiba. Hier überlagert Furnas-Sandstein die Acungui-Serie, deren Marmorzüge verkarstet sind und das Deckgebirge in riesigen Einsturzlöchern nachgebrochen ist. Das Wasser ist hier auf Klüften durch den etwa 300 m mächtigen Sandstein gedrungen und hat den Marmor gelöst. Ähnliche Verhältnisse sind ja auch aus Mitteldeutschland bekannt, wo sich über Zechsteinsalzen im teilweise 600 m mächtigen Deckgebirge 'Salzauslaugungssenken' bilden konnten (SEMMEL 1972).

8 Böden

8.1 Bodenentwicklung im autochthonen Gesteinszersatz

Autochthone Böden kommen im Arbeitsgebiet nur an exponierten Standorten oder nach starker Erosion an der Oberfläche vor. Hierzu zählen der Syrosem aus Kalkstein (Bodeneinheit 1), der Ranker aus Phyllit, Migmatit und Glimmerschiefer (Bodeneinheit 2 - 4) und der Rotlehm aus Migmatit (Bodeneinheit 6). Bei der Braunerde aus Quarzit konnten Umlagerungen nicht nachgewiesen werden, sie sind aber auf Grund der Reliefposition sehr wahrscheinlich (Bodeneinheit 8). Eine Sonderstellung nehmen die Basaltrotlehme ein (Bodeneinheit 7). Wegen des meist fehlenden Grobmaterials sind Diskordanzen nicht immer festzustellen. Häufig sind jedoch auch innerhalb des Rotlehms Steinlagen entwickelt, die einwandfrei eine Umlagerung des Hangenden belegen.

Der Zersatz oder 'Saprolith' (U.S. Department of Agriculture 1960) ist auf den metamorphen Gesteinen des Arbeitsgebietes im allgemeinen nicht sehr mächtig und übersteigt selten einen Meter. Die Grenze zum Anstehenden ist unscharf, die Struktur des Ausgangsgesteins ist noch gut zu erkennen. Das Material ist stark zersetzt und brüchig. Typisch ist die rote Fleckung, die Struktur und Gefüge des Anstehenden nachzeichnet. Bei den Migmatiten sind die Flecken diffus verteilt, bei den Glimmerschiefern sind sie lamilar angeordnet. Dem Phyllitzersatz fehlt diese Fleckung, er ist in der Regel gelblich bis weiß gebleicht. Ursache der Fleckung ist die Freisetzung von Eisen aus eisenhaltigen Mineralen wie Pyroxenen, Hornblenden, Biotiten, Chloriten etc. und die Oxydation zu vorwiegend Hämatit (FÖLSTER 1971). Die fehlende Fleckigkeit des Phyllitzersatzes ist vielleicht auf dessen primäre Armut an diesen Mineralen zurückzuführen. Die pH-Werte (KCl) schwanken zwischen 4,12 und 4,82, die effektive Austauschkapazität ist mit Werten von 0,264 - 3,83 mval/100 g Boden sehr gering. S-Werte und Basensättigung gehen gegen Null. Die Bodenart schwankt von schluffigem Sand bis sandigem Lehm. Basaltzersatz ist im Arbeitsgebiet wegen der mächtigen Rotlehmdecke nur selten aufgeschlossen. Er ist gelb-rot-schwarz gefleckt und liegt mit seiner Mächtigkeit meist noch unter der der metamorphen Gesteine. Die pH-Werte (KCl) liegen wenig über 4,0. Effektive Austauschkapazität und Basensättigung zeigen mit 23,13 mval bzw. 68,27 mval/100 g Boden erheblich günstigere Eigenschaften als die der metamorphen Gesteine. Die Bodenart ist ein sandiger Lehm. Auf Kalkstein und Dolomit ist praktisch keine Zersatzzone ausgebildet, oder sie ist auf 1 - 2 cm reduziert. Der Kontakt zwischen auflagerndem Rotlehm und dem Kalkstein ist relativ scharf. Auch im Quarzit konnte

keine Zersatzzone beobachtet werden. Die Verbraunungszone greift bis an das feste, anstehende Gestein vor. Im Zersatz von Basalt, Migmatit, Metakonglomeraten und Glimmerschiefer haben sich Rotlehme entwickelt. Ihre Genese ist prä-decklehmzeitlich, da mit Ausnahme auf Basalt die genannten Rotlehme an nicht erodierten Standorten von dem braunen, jungpleistozänen Decklehm überlagert sind. Ob sie dadurch als fossil anzusprechen sind, oder ob ihre Bildung unter dem braunen Decklehm anhält, kann nicht eindeutig entschieden werden. Zumindest scheint gegenwärtig aber eine 'Rotlehm-Erhaltung' möglich zu sein, da selbst an der Oberfläche liegende Rotlehme keine Spuren von Verbraunung zeigen und bis in das Niveau der Vorfluter anzutreffen sind (vergl. SEMMEL 1982). Wenn aber der Rotlehm im Holozän unter den gegebenen Klimabedingungen und einer Meereshöhe von 700 - 900 ü.M. nicht verbraunt,dann stellt sich die Frage nach der Genese der Parabraunerden im Decklehm, der also nicht nur aus Rotlehmmaterial bestehen kann.

Die verkarstete Dolomit- und Kalksteinoberfläche ist, wie bereits erwähnt, mit allochthonem Rotlehmmaterial verfüllt und damit nicht als 'in situ' Bodenbildung zu verstehen, zumal zahlreiche Fremdgesteinskomponenten enthalten sind. Die übrigen Rotlehme zeigen meist einen unscharfen Übergang zum Zersatz. Auf den metamorphen Gesteinen haben sie Mächtigkeiten von 0,50 - 1,00 m, auf Migmatit stellenweise etwas mehr. Die Farbe ist rötlich-gelb bis rötlich-braun (7,5 YR 7/7; trocken). Sie erscheint im oberen Bereich ziemlich homogen, hat aber nach unten hin noch hellere, weißliche 'Restflecken' aus dem Zersatz. Die Rotlehme auf Basalt werden dagegen sehr viel mächtiger. Maximalmächtigkeiten können nicht angegeben werden, weil nur sehr selten der Zersatz erreicht wurde. 3 - 4 m mächtige Rotlehmdecken konnten jedoch auf Basalt beobachtet werden. Die Farbe ist meist leuchtend rot, seltener gelblich-rot (2,5 YR 4,5/8 - 5 YR 5/8; trocken). Die bodenchemischen Kennwerte unterscheiden sich kaum von denen der Rotlehme auf den metamorphen Gesteinen. Die pH-Werte liegen bei 4,04 - 4,10 und die effektive Austauschkapazität bei 3,8 - 10,12 mval/100 g. Ein wichtiger Unterschied besteht jedoch in der Bodenart. Die Basaltrotlehme weisen Tongehalte von über 80% auf, die Rotlehme auf Migmatit und Glimmerschiefer bestehen lediglich aus tonigem Lehm. Dies und die größere Mächtigkeit ist wahrscheinlich die Ursache für die bevorzugte Nutzung der Basaltrotlehme. Auf Phyllit und Quarzit wurden an keiner Stelle autochthone Rotlehme beobachtet. Auch dies ist wahrscheinlich die Folge der primären Armut an eisenhaltigen Mineralen.

Da die Rotlehme weitgehend oberflächenkonform verlaufen, muß das Relief zur Bildungszeit dem heutigen sehr ähnlich gewesen sein. Die nachfolgenden geomorphologischen Hangabtragungsprozesse waren nur noch relativ schwach und konnten keine erneute Pedimentation mehr auslösen. Die Rotlehme wurden lediglich gekappt und durch eine Feinmaterialdecke (Decklehm) fossilisiert (vergl. ROHDENBURG 1982:93).

8.2 Bodenentwicklung im Decklehm

Die weit verbreiteten Rotlehme wurden in einer jungpleistozänen Aktivitätsphase flächenhaft gekappt. Erhöhte Aridität, Änderungen des Niederschlagsregimes und daraus resultierende Auflichtung der Vegetation verringerten die Bodenbedeckung und führten zu Materialverlagerungsprozessen am Hang. Dabei muß in einer ersten Phase die Verlagerung von Grobmaterial möglich gewesen sein, wie die Steinlagen und die darin enthaltenen Fremdbestandteile belegen. Ein Nachlassen der Intensität der Spülprozesse erlaubt schließlich nur noch den Transport von Feinmaterial. Dieser Transport war durch Klimaschwankungen hin zu erhöhter Humidität wahrscheinlich mehrmals unterbrochen, auf die die fossilen Humushorizonte und eine zweite, innerhalb des Decklehms auftretende Steinlage schließen lassen. Im Holozän dominieren humide Klimabedingungen, die pedogenetisch im Decklehm eine Parabraunerdebildung verursachen (SEMMEL 1977; 1978; SEMMEL & ROHDENBURG 1979; SABEL 1981). Das typische Bodenprofil im Kristallingebiet von Süd-Brasilien ist demnach eine Parabraunerde aus Decklehm mit basaler Steinlage über einem Rotlehm aus Kristallinzersatz, sofern nicht die Erosion Teile des Decklehms und sogar den Rotlehm entfernt hat. Die FAO Weltbodenkarte (1971) weist für diesen Bereich die Bodentypen Acrisols, Cambisols, Rankers und Lithosols aus. Ein typisches Profil auf Migmatit zeigt die Abb. 5. Auf Phyllit ist die Abfolge ähnlich, nur fehlt hier der Rotlehm. Sofern im Basaltrotlehm durch Steinlagen eine Abtragungsdiskordanz nachgewiesen werden konnte, hat sich im Hangenden die rote Farbe erhalten, der Rotlehm wurde also nicht in einen braunen Boden umgewandelt. SCHELLMANN (1971), ROHDENBURG (1982) und SEMMEL (1982 b) halten die Umwandlung von Hämatit zu Goethit unter veränderten Klimabedingungen für möglich. Wären die Parabraunerden der metamorphen Gesteine verbraunte Rotlehme, so wäre das andersartige Verhalten der Basaltrotlehme auf dessen speziellen Chemismus zurückzuführen, der eine Umwandlung des Hämatits nicht erlaubte.

Ein weiterer Gesichtspunkt ist in diesem Zusammenhang interessant. Durch die Fremdgesteine in der Steinlage ist belegt, daß zur Bildungszeit des Decklehms frisches Gestein angeschnitten wurde. Dafür spricht auch der geringere Verwitterungsgrad im Gegensatz zum Liegenden (SEMMEL & ROHDENBURG 1979). Bei alleiniger Beteiligung von Rotlehmmaterial müßte der Decklehm eine stärkere Verwitterung an-

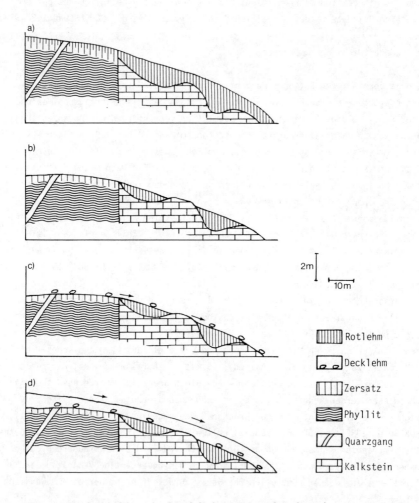

Abb. 8 Decklehmbildung im Bereich der metamorphen Gesteine

a) Verwitterung und Rotlehmbildung
b) Erosion und Kappung der Rotlehme
c) Verlagerung von Grobmaterial am Hang und Bildung eines Steinpflasters
d) Verspülung von Feinmaterial, wahrscheinlich in mehreren Phasen

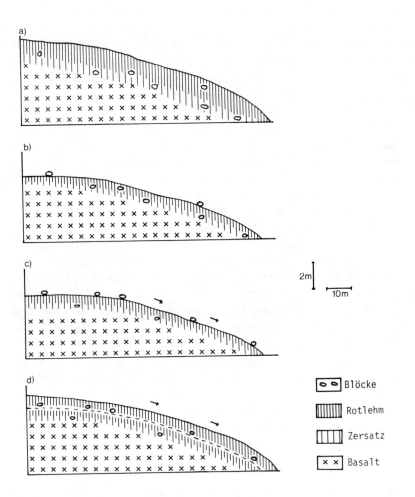

Abb. 9 Decklehmbildung in Basaltgebieten

a) Verwitterung und Rotlehmbildung
b) Erosion und Kappung der Rotlehme. Wegen der großen Mächtigkeit wird der Zersatz aber nicht freigelegt
c) Falls Wollsäcke an der Oberfläche vorhanden sind, findet Verlagerung von Grobmaterial statt
d) Verspülung von Feinmaterial, das hier ausschließlich aus Rotlehm besteht

zeigen. In diesem 'verjüngten' Substrat konnte dann im Holozän unter anderem Klima eine Parabraunerdebildung stattfinden. Der Basaltzersatz wurde in der jungpleistozänen Phase erhöhter Geomorphodynamik wegen der viel mächtigeren Rotlehmdecke nie erreicht. So wurde also nur der Rotlehm selbst verlagert, der so stabil zu sein scheint, daß rezent keine Verbraunung stattfindet. Auch bei den freigelegten Rotlehmen auf Migmatit und Glimmerschiefer sind keine Spuren von Verbraunung festzustellen. Somit sind die Parabraunerden das Ergebnis von hauptsächlich zwei Prozessen: Neben den geänderten Klimabedingungen des Holozäns ist die Beteiligung von frischem Gesteinsmaterial Voraussetzung zur Verbraunung. Wo auf Grund von größeren Rotlehmmächtigkeiten kein frisches Material mit eingemischt werden konnte und ein höher gelegenes Liefergebiet fehlt, konnte das holozäne Klima allein keine Verbraunung bewirken. Nur wo in Tallagen durch fluviale Erosion und Akkumulation Feinmaterial auf den Basaltrotlehm sedimentiert wurde, ist auch auf Basalt das Profil Parabraunerde über Rotlehm entwickelt.

Der Rotlehm auf Kalkstein kommt praktisch überhaupt nicht an die Oberfläche. Seine Reliefposition und hangaufwärts anstehende Phyllite und Migmatite haben zu einer Überlagerung mit Decklehm geführt, in dem eine Parabraunerdebildung stattfand (s. Abb. 16). Bis in die Tiefenlinie hinein sind diese Fremdgesteine in der Steinlage festzustellen, die die Parabraunerde von dem liegenden Rotlehm trennt. Leider konnten auch hier keine Transportstrecken ausgemessen werden, weil der Kalkstein selbst von einzelnen Phyllitlinsen durchsetzt ist, die ebenfalls Material liefern konnten. Auf Dolomit kann ein dichtes Nebeneinander von Rotlehm und Parabraunerden beobachtet werden. Auch der Dolomit ist von zahlreichen Phyllitlinsen durchzogen, von denen ausgehend eine Überlagerung des Rotlehms mit braunem Decklehm ansetzt. Eine Steinlage aus Quarz und Phyllit charakterisiert die allochthone Herkunft des Decklehms. Die Abb. 8 und 9 zeigen noch einmal schematisch den Vorgang der Decklehmbildung:

a) In einer prä-decklehmzeitlichen Ruhephase mit Bodenbildung entwickeln sich Rotlehme. Auf Dolomit sind sie großteils nochmals umgelagert. Auf Phyllit sind sie geringmächtig bis fehlend. Der Basalt verwittert mehrere Meter tief.

b) Aufgelockerte Vegetation durch erhöhte Aridität und verstärktem Oberflächenabfluß führen zu flächenhafter Kappung der Rotlehme. Auf den metamorphen Gesteinen wird dabei stellenweise der Zersatz erreicht. Die Basaltrotlehme sind insgesamt durch die Erosion etwas geringmächtiger geworden.

c) Starkregen erlauben den Transport von Grobmaterial am Hang. Vor allem auf den metamorphen Gesteinen stellen hierbei Quarzgänge ausreichendes Material zur Verfügung. Die Steinlagen enthalten dadurch bei Gesteinswechsel am Hang meist Fremdbestandteile bis in die Tiefenlinie. Im Basalt fehlen die Quarzgänge. Wegen der großen Rotlehmmächtigkeit werden höchstens einzelne Wollsäcke verlagert.

d) Ein Nachlassen der Transportkraft erlaubt nur noch die Verlagerung von Feinmaterial, das z.B. auf Phyllit zu großen Anteilen aus frischem Material aus dem Anstehenden stammt. Auf Basalt wird lediglich der Rotlehm selbst verlagert.

Durch die hohe Reliefenergie, die große Steilheit und oft konvexe Form der Hänge sind im Zuge der landwirtschaftlichen Nutzung viele Bodenprofile gekappt. Während die Verebnungen in der Regel Parabraunerden und deren Erosionsstadien tragen, kommen an den Hängen teilweise die Rotlehme bzw. sehr oft der Gesteinszersatz an die Oberfläche.

8.3 Die Bodeneinheiten

8.3.1 Syrosem aus Kalkstein

Infolge der linsenförmigen Einlagerung des paläozoischen Kalkes in die gefalteten metamorphen Gesteine und der späteren Verkarstung befinden sich an der heutigen Oberfläche nur vereinzelt 'Kalkrippen'. Nur an einer Stelle tritt massiger Kalk als größerer Komplex an die Oberfläche (R 654300/ H 7204500). Ein Humushorizont konnte sich noch nicht entwickeln, das verwitterte Material wird sofort abgespült und sammelt sich in Vertiefungen und Schlotten. Entsprechend ist die stark geneigte Oberfläche vegetationsfrei. Der typische Boden ist ein Syrosem mit der Horizontfolge: (A_i) - C. Der Boden hat die chemischen und physikalischen Eigenschaften des Ausgangsgesteins. Charakteristisch sind der sehr hohe Kalkgehalt und die geringe Gründigkeit, die eine Nutzung als Pflanzenstandort nicht erlauben. In kleineren Vertiefungen, in denen sich humoses Material sammelt, treten lokal auch Rendzinen auf. Tiefere Schlotten mit Rotlehmresten ermöglichen das Wachstum vereinzelter Bäume. Zur geologischen und morphologischen Situation des Kalksteinvorkommens siehe Abb. 16.

8.3.2. Ranker aus Phyllit, Glimmerschiefer und Migmatit

Die Ranker sind Zeugen einer intensiven Bodenerosion, die das gesamte Decklehm-

Material entfernt hat. Auf Glimmerschiefer und Migmatit ist dazu der Rotlehm abgetragen. Sie treten bei Hangneigungen ab etwa 12 % auf, dominieren aber auf den stark geneigten Oberflächen um 45 %. In der Regel ist der Ranker im Zersatz entwickelt, nur an sehr exponierten Standorten liegt der Humushorizont direkt dem anstehenden Gestein auf. Die Gründigkeit ist daher ausreichend, um den Anbau landwirtschaftlicher Kulturen zu ermöglichen. Die Bodenart aus schluffigem Sand bis sandigem Schluff bedingt eine relativ geringe nutzbare Feldkapazität und ist Ursache für einen unausgeglichenen Wasserhaushalt. Hinzu kommt die Reliefposition mit guter Zügigkeit und Abfluß des Grund- bzw. Stauwassers. Nur die $A_{h/p}$-Horizonte aus sandigem Lehm zeigen etwas günstigere Werte bezüglich der Feldkapazität an. Gerade in trockenen Sommern sind diese Standorte also für die Landwirtschaft besonders gefährdet. Von einem typischen Profil auf Phyllit wurden Proben analysiert (s. Tab. 3). Es liegt unter Bracatinga-Vegetation an einem südostexponierten Hang mit 47 % Neigung (R 653600/H 7204000):

A_h 0 - 15 cm, dunkelgelb-brauner (10 YR 3/4, feucht), humoser,
              sandiger Lehm, stark durchwurzelt, Holzkohlenreste.
C_v - 45 cm, braungelber (10 YR 6/8, feucht), schluffiger Sand,
              schwach durchwurzelt, Phyllitzersatz.
C_n - 45 cm +, anstehender Phyllit.

Die relativ hohen Tongehalte des A_h-Horizontes sind eventuell auf Reste des erodierten Decklehms zurückzuführen. Der pH-Wert beträgt im A_h-Horizont 3,76 und steigt im C_v auf 4,25 an. Entsprechend niedrig ist die effektive Austauschkapazität, die im C_v-Horizont wegen des niedrigen Tongehaltes auf 1,58 mval/100 g Boden absinkt. Der Sorptionskomplex ist weitgehend mit H^+- und Al^{3+}-Ionen abgesättigt, die Basensättigung ist im Zersatz gleich Null. Wegen der ungünstigen Standorteigenschaften tragen die Ranker aus Phyllit überwiegend Sekundärwälder und Capoeiras, sie werden aber stellenweise auch landwirtschaftlich genutzt, allerdings mit entsprechend geringen Erträgen (Auskunft der Bauern).

Die Ranker aus Glimmerschiefer und Migmatit kommen nur bei Hangneigungen ab 20 % vor, dominieren aber eindeutig an den steilsten Lagen über 45 %. Hier mußte im Unterschied zum Ranker aus Phyllit auch der Rotlehm abgetragen werden. Bedingt durch die große Hangneigung an diesen Standorten wird keine Landwirtschaft betrieben. Capoeira und Mimosa scabrella sind die typischen Vegetationsbestände. Ein typisches Profil eines Rankers auf Glimmerschiefer liegt bei R 655600/ H 7203340 an einem Nordost-exponierten Hang unter Capoeira-Vegetation. Die Hangneigung beträgt 34%.

A_h 0 - 15 cm, dunkelbrauner (10 YR 3/4, feucht), humoser, schluffig
         lehmiger Sand, stark durchwurzelt.
C_v - 50 cm, dunkelbrauner (7,5 YR 4,5/4, feucht), schluffiger Sand,
         mäßig durchwurzelt, Glimmerschieferzersatz.
C_n - 50 cm +, anstehender Glimmerschiefer.

Für die Standortqualität gilt ähnliches wie für den Ranker aus Phyllit. Die Gründigkeit erlaubt den Anbau landwirtschaftlicher Kulturen, die Nutzung wird aber durch den ungünstigen Wasserhaushalt und geringe Austauschkapazitäten eingeschränkt.

8.3.3 Ranker aus Kolluvium

Kolluvium ist in größerer Mächtigkeit nur sehr wenig anzutreffen. Das liegt an der großen Hangneigung, der oft konvexen Hangform und den kerbtalartig eingeschnittenen Tälern. Nur in Dolinen und an Stellen, wo der Decklehm durch Akkumulation am Hangfuß diesem ein konkaves Profil gibt, kann sich über dem Decklehm Kolluvium ablagern. In diesem jungen Material haben sich Ranker entwickelt (s. Abb. 12). Enthält das Kolluvium viel Humus, wird oft ein mächtiger $A_{h/p}$-Horizont vorgetäuscht. In vielen Fällen ist die Schichtigkeit an einer dünnen Steinlage an der Basis des kolluvialen Materials zu erkennen. Unter dem Kolluvium folgt in der Regel der Decklehm mit vollständig entwickelter Parabraunerde. Ein typisches Profil ist bei R 653450 / H 7204800 aufgeschlossen. Am 5% geneigten Hangfuß, der nach Norden exponiert ist, überlagert ca. 45 cm mächtiges Kolluvium eine Parabraunerde aus Decklehm.

Ap   0 - 5 cm, dunkelbrauner (10 YR 3/2, feucht), sandig lehmiger
         Schluff, humos, Holzkohlenreste.
M   - 45 cm, dunkelgelbbrauner (10 YR 3/4, feucht), sandig lehmiger
         Schluff, humos, Holzkohlenreste.
A_l - 55 cm, dunkelgelbbrauner (10 YR 3,5/6, feucht), schluffiger
         Lehm, subpolyedrisch.
B_t - 110 cm, brauner (7,5 YR 5/7, feucht), toniger Lehm, polyedrisch,
         dunkelbraune Tonbeläge.
IIC_v - 110 cm +, braungelber (7,5 YR 5/8, feucht), sandiger Schluff,
         Phyllitzersatz.

Je nach geologischem Untergrund wechselt die Bodenart von sandig lehmigem Schluff bis Schluff. Ausgeglichener Wasserhaushalt, tiefe Gründigkeit, relativ hohe Humusgehalte und günstige Reliefposition mit flacher Hangneigung machen die Ranker aus Kolluvium zu geeigneten Ackerstandorten.

8.3.4 Braunerde aus Quarzit

Der Quarzit bildet Kuppen und Hangversteilungen. Entsprechend sind die dominierenden Hangneigungsklassen 0 - 6% und 20 - 45%. In der durchschnittlich etwa 50 cm mächtigen Lockermaterialdecke ist eine Braunerde ausgebildet. Der Verbraunungshorizont liegt direkt dem anstehenden Gestein auf. Ein typisches Profil ist in einem Steinbruch aufgeschlossen (R 656100/H 7202600). Der Aufschluß liegt im Kuppenbereich bei 880 m ü.M. Die Vegetation ist eine Capoeirao.

A_h 0 - 10 cm, dunkelgraubrauner (10 YR 2/2, feucht), schwach lehmiger Sand, humos, steinig, stark durchwurzelt.

B_v - 50 cm, brauner (7,5 YR 4/4, feucht), stark lehmiger Sand, stark steinig, mäßig durchwurzelt.

C - 50 cm+, anstehender Quarzit.

Infolge der niedrigen pH-Werte ist die Mineralisierung des Humus gehemmt, so daß C-Gehalte von 6,309% auftreten. Entsprechend erreicht die potentielle Austauschkapazität Werte von 39,25 mval/100 g Boden. Auffallend ist die hohe Basensättigung im A_h-Horizont und der große Anteil von Mg^{2+} und Ca^{2+} bei einem pH-Wert von 3,93. Offenbar sind viele basisch wirkende Kationen vorhanden, ohne jedoch eine Erhöhung des pH-Wertes zu bewirken. Wahrscheinlich war die Fläche früher landwirtschaftlich genutzt, der Kalk liegt als Gesteinsbröckchen vor und kann somit kaum bzw. nur sehr langsam zu einer Erhöhung des pH-Wertes führen. Bei der Laboranalyse werden die kleinen Kalkkonkretionen miterfaßt und täuschen einen zu hohen V-Wert vor. Im B_v-Horizont ist der Sorptionskomplex mit H^+ - und Al^{3+}-Ionen abgesättigt, S- und V-Wert sind gleich Null (s. Tab. 4).

8.3.5 Rotlehme aus Migmatit, Dolomit oder Basalt

Die Rotlehme aus Migmatit werden bis zu einem Meter mächtig. Sie treten bei Hangneigungen von 20 - 45% und mehr auf. In flacheren Bereichen sind sie von Decklehm überlagert, an exponierten Stellen kommt der Zersatz an die Oberfläche. Der Rotlehm aus Migmatit zeichnet die prä-decklehmzeitliche Oberfläche nach, die vorwiegend konvexe Hangprofile aufweist (s. Abb.12). Die Grenze zum liegenden Zersatz ist unscharf. Da die Analysen im Zusammenhang mit der Bodeneinheit 17 gemacht wurden, soll auch die Besprechung der Ergebnisse dort erfolgen (vergl. Tab. 8).

Das Rotlehmmaterial über Dolomit enthält zahlreiche Fremdgesteinskomponenten und erweist sich damit in weiten Teilen als allochthon. Die Mächtigkeit der Rotlehme ist entsprechend der Verkarstung sehr unregelmäßig und zeigt deutliche Reliefabhängigkeit. Sie schwankt von wenigen Dezimetern im Kuppenbereich bis zu mehreren Metern in der Tiefenlinie. Vereinzelt tritt der Dolomit als nacktes Gestein bis an die Oberfläche. Ein typisches Profil ist in einem kleinen Steinbruch an der Straße zur 'Granja Antonia Trevisan' aufgeschlossen (R 654820/ H 7199490). Der Hang ist Südwest exponiert, 34% geneigt und mit Capoeira bewachsen:

A_h 0 - 5 cm, rötlich-brauner (5 YR 4/4, feucht), sandig toniger Lehm, schwach humos, Calcit-Ausfällungen.

(f)B   - 200 cm, rötlich-brauner (2,5 YR 4/4, feucht), Ton, Calcit-Ausfällungen.

Im fB - Horizont dominieren die H^+ - Ionen und die effektive Austauschkapazität beträgt nur 3,95 mval/100g Boden. Der gesamte Rotlehm enthält durchgehend Calcitausfällungen. Umlagerungszonen im oberen Profilbereich, die dem jungpleistozänen Decklehm entsprechen würden, sind aufgrund des fehlenden Grobmaterials nicht zu erkennen.

Die Rotlehme aus Basalt können mehrere Meter mächtig werden, nur selten wurde bei Bohrungen oder in Aufschlüssen der Zersatz erreicht. Sie sind bei Hangneigungen von Null bis über 45% zu finden. Sehr schön aufgeschlossen ist ein Rotlehm aus Basalt bei R 654150/ H 7199400:

A_p 0 - 5 cm, roter (2,5 YR 4/6, feucht), lehmiger Ton, polyedrisch, stark durchwurzelt.

(f)B   - 200 cm, dunkelroter (2,5 YR 3/6, feucht) Ton, Polyedergefüge, Wollsäcke.

Das Profil liegt an einem nordexponierten Hang mit 21% Neigung. Die Fläche wird landwirtschaftlich genutzt. Die Basaltwollsäcke haben Durchmesser von wenigen Dezimetern bis maximal 1,20 m. Sie tragen dicke Verwitterungsrinden und sind kernfrisch. Bei der Erosion werden sie an der Oberfläche angereichert und verhindern an diesen Stellen die weitere agrarische Nutzung. Geringe pH-Werte, Austauschkapazität und niedrige Gehalte an austauschbaren Kationen stehen im Kontrast zu der bevorzugten Nutzung der Rotlehme (vergl. Tab. 6). Infolge der Bodenacidität sind die H^+- und Al^{3+}-Werte relativ hoch. Der hohe Tonanteil von 85,4% wirkt sich günstig auf die Wasserversorgung in trockenen Sommern aus. Dies ist ein Grund dafür, warum die Anbauperiode auf den Rotlehmen über mehrere Jahre ausgedehnt wird. Außerdem wirkt die Erosion auf diesen Standorten vordergründig nicht so einschneidend, weil eine Rotlehmmächtigkeit von mehreren Metern zur Verfügung steht, ehe der Zersatz freigelegt wird. An keiner Stelle im Arbeitsgebiet konnte Basaltzersatz an der Oberfläche beobachtet werden. Die Frage der Schichtigkeit ist bei den Rotlehmen auf Basalt nicht immer leicht zu klären. Wenn durch Steinlagen eine Diskordanz nachgewiesen werden konnte, hat sich im hangenden Material aber die rote Farbe erhalten. Der Rotlehm zieht bis in das Niveau der Wasserläufe, eine Verbraunung konnte nicht festgestellt werden. Für die Verlagerung der obersten Dezimeter spricht auch das Hinwegziehen von Basaltrotlehm über Fremdgestein meist bis in die Tiefenlinie (s. Abb. 6).

8.3.6 Parabraunerden und erodierte Parabraunerden aus Decklehm über Phyllitzersatz

Ein typisches Bodenprofil auf Phyllit ist bei R 654180/H 7201500 entwickelt. Der Hang ist nordost exponiert und 19% geneigt. Die Vegetation ist eine Capoeira. Die Parabraunerde hat folgenden Aufbau:

Ap   0 - 15 cm, dunkelgelb-brauner (10 YR 7/4, feucht), humoser, schwach toniger Lehm, stark durchwurzelt.

A_1 - 45 cm, dunkelgelbbrauner (10 YR 3,5/6, feucht), schluffiger Lehm, schwach durchwurzelt.

B_t - 95 cm, brauner (7,5 YR 5/7, feucht), toniger Lehm, polyedrisch, basale Steinlage aus Quarz, einige Phyllitbröckchen.

IIC_v - 95 cm+, gelbbrauner (7,5 YR 5/8), sandiger Schluff, Phyllitzersatz.

Der Gesteinszersatz wird von dem jungpleistozänen Decklehm überlagert. Der allochthone Decklehm ist durch eine basale Steinlage von dem Zersatz getrennt. Im Unterschied zu den Profilen auf Migmatit und Glimmerschiefer fehlt der im Zersatz entwickelte Rotlehm. Entweder war der Rotlehm ursprünglich so geringmächtig, daß ihn die prä-decklehmzeitliche Abtragungsphase vollständig entfernt hat, dann müßten aber hin und wieder in geschützten Lagen Reste dieses Rotlehms zu finden sein, oder die primäre Armut an eisenhaltigen Mineralen hat nicht zu einer Rotlehmbildung geführt. Die Steinlage hat einen welligen Verlauf, so daß kleinflächig unterschiedliche Erosionsstadien der Parabraunerde auftreten. Relativ ungestörte Profile findet man vor allem auf den Verebnungen und im konkaven Hangfußbereich. Bei Neigungen ab etwa 12% treten, bedingt durch die landwirtschaftliche Nutzung, vor allem erodierte Parabraunerden auf. Tonverlagerungen sind an den Toncutanen auf den Aggregatoberflächen des B_t - Horizontes zu erkennen. Dies wird auch durch die Korngrößenanalyse bestätigt. Der Tongehalt hat im B_t - Horizont ein deutliches Maximum mit 43,8% (s. Tab.7). Die pH-Werte schwanken um 4,0 und die Austauschkapazitäten sind gering. Die Parabraunerden werden zum Teil landwirtschaftlich genutzt, mit einer Rotation, in der sich Brache- und Anbauphase etwa alle zwei Jahre abwechseln.

8.3.7 Parabraunerden und erodierte Parabraunerden aus Decklehm über Rotlehm aus Migmatit, Glimmerschiefer oder Metakonglomeraten.

Auf Migmatit, Glimmerschiefer und Metakonglomeraten ist im Zersatz unter dem Decklehm ein Rotlehm entwickelt. Ein typisches Profil zeigt die Abb. 5. Die Grenze Rotlehm/Zersatz ist unscharf. Verwitterte Quarzgänge durchziehen den Rotlehm und enden abrupt an dessen Oberkante, wo sie in die Steinlage übergehen. Von einem Profil auf Migmatit wurden Proben genommen. Es liegt am Nordrand einer Verebnung (P2) mit einer geringen Neigung von nur 5%. Die Vegetation ist Sekundärwald (R 654550/ H 7203650):

A_h	0 - 25 cm, dunkelgraubrauner (10 YR 3,5/2, feucht), humoser, sandig lehmiger Schluff, krümelig-bröckelig, stark durchwurzelt.
A_l	- 45 cm, gelbbrauner (10 YR 5,5/6, feucht), sandig lehmiger Schluff, schwach durchwurzelt.
B_t	- 95 cm, kräftig brauner (7,5 YR 5,5/6, feucht), schwach toniger Lehm, polyedrisch, vereinzelte Wurzeln, Tonbeläge auf den Aggregatoberflächen, basale Steinlage aus überwiegend Quarz, vereinzelt Migmatitbröckchen
II(f)B	- 125 cm, gelblich-roter (5 YR 5/7, feucht), schwach toniger Lehm, in situ verwitterte Quarzgänge, im oberen Bereich vereinzelt braune Tonhäutchen, nach unten unscharf in den Zersatz übergehend.
IIC_v	- 150 cm +, rötlich-gelber (7,5 YR 5/6, feucht), schluffiger Lehm, gefleckt, Migmatitzersatz.

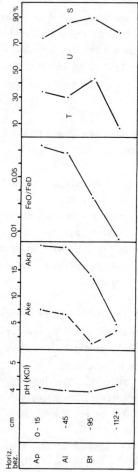

Abb. 10 Bodenkennwerte einer Parabraunerde aus Decklehm über Phyllitzersatz.

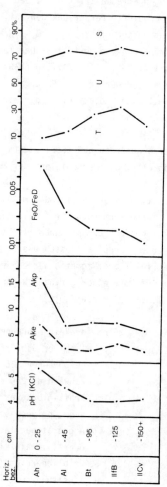

Abb. 11 Bodenkennwerte einer Parabraunerde aus Decklehm über Rotlehm aus Migmatit über Migmatitzersatz.

Das Tonmaximum ist auch hier nicht im B_t - Horizont der Parabraunerde, sondern im Rotlehm entwickelt (s.Abb. 11). Im A_h - Horizont sind die Ca^{2+} - und die Mg^{2+} - Werte wieder durch Düngung erhöht. Der pH-Wert zeigt die gleiche Tendenz mit einem Maximum von 5,25 im A_h-Horizont. Entsprechend sind auch hier die Werte für die Austauschkapazität am größten, die allgemein als niedrig eingestuft werden können. Der Rotlehm hat wesentlich niedrigere Tongehalte als der Rotlehm aus Basalt, auch die Rotfärbung ist nicht so intensiv ausgeprägt. Die Austauschkapazität und die Gehalte an dithionitlöslichem Eisen sind im Vergleich zum Basaltrotlehm ebenfalls niedriger. Auffallend ist die sehr viel geringere Mächtigkeit, die im untersuchten Profil nur 0,30 m beträgt. In der Regel schwankt die Mächtigkeit des Rotlehms auf Migmatit und Glimmerschiefer zwischen wenigen Dezimetern bis etwa 1 m, selten auch etwas darüber. Die Standorte werden landwirtschaftlich genutzt, mit kurzer Brachezeit, wie es bereits bei den Parabraunerden auf Phyllit beschrieben wurde. Im Unterschied zu diesen sind die Profile auf Migmatit und Glimmerschiefer durch den Rotlehm etwas tiefgründiger. Bei vollständiger Erosion des Decklehms wird im Rotlehm angebaut, der einen günstigeren Wasserhaushalt aufweist. Die Werte der Austauschkapazität sind mit denen des Decklehms vergleichbar. Damit stellt sich die Bodenerosion nicht so drastisch dar wie bei den Standorten auf Phyllit. Allerdings sieht man an der flächenhaften Verbreitung der Ranker auch auf Migmatit und Glimmerschiefer, daß die Erosion nicht zu vernachlässigen ist. Wenn auch der Rotlehm entfernt ist und der Zersatz an die Oberfläche kommt, verschlechtern sich die Standortbedingungen erheblich.

8.3.8 Parabraunerden und erodierte Parabraunerden aus Decklehm über umgelagertem Rotlehm über Dolomit oder Kalkstein.

Parabraunerden treten im Dolomitgebiet nur unterhalb von Phyllitlinsen auf, wo der Rotlehm in der jungpleistozänen Aktivitätsphase von phyllitischem Material überlagert wurde. Bei einsetzender Erosion mit zunehmender Hangneigung werden alle Erosionsstadien durchlaufen und oft auch der liegende Rotlehm wieder freigelegt. Ein typisches Profil liegt bei R 654550/ H 7199850 an einem westexponierten konkaven Unterhang mit 10% Neigung. Die Vegetation ist eine Capoeira:

A_h 0 - 15 cm, brauner (7,5 YR 4/3, feucht), sandig lehmiger Schluff bis schluffiger Lehm, humos, stark durchwurzelt.

A_l - 23 cm, hellbrauner (10 YR 5,5/6, feucht), sandig lehmiger Schluff bis schluffiger Lehm.

B_t - 85 cm, rötlich-brauner (5YR 4/4, feucht), schwach toniger Lehm bis stark toniger Lehm, basale Steinlage aus Quarz und Phyllit.
II(f)B   - 115 cm +, gelblich-roter (5 YR 4/6, feucht), lehmiger Ton bis Ton, Polyedergefüge.

Typischerweise liegt das Tonmaximum nicht im B_t- sondern im IIfB - Horizont. Die hohen Quarz- und Phyllitanteile in der Steinlage belegen den allochthonen Charakter des Decklehms.

Ebenso wie auf Dolomit ist auch die alte, verkarstete Oberfläche des Kalksteins mit allochthonem Rotlehmmaterial verfüllt. Die Reliefposition und die hangaufwärts anstehenden Phyllite und Glimmerschiefer sind die Ursache für eine Überdeckung dieses Rotlehmmaterials mit dem jungpleistozänen Decklehm, in dem sich eine Parabraunerde entwickelt hat. Fremdgesteine in der Steinlage an der Basis des Decklehms belegen die allochthone Herkunft. Aufgeschlossen ist ein solches Profil bei R 654370 / H 7204600 an einem Nordwest exponierten Hang mit 11% Neigung. Die Vegetation ist eine Capoeira:

A_h 0 - 20 cm, dunkelgraubrauner, humoser, sandig lehmiger Schluff.
A_l - 45 cm, hellbrauner, sandig lehmiger Schluff bis lehmiger Schluff.
B_t - 100 cm, kräftig brauner, toniger Lehm, Polyedergefüge, basale Steinlage aus Quarz, Phyllit, Migmatit.
II(f)B   - 180 cm, gelblich-roter lehmiger Ton bis Ton, Polyedergefüge.
$IIIC_v$ - 205 cm +, Kalksteinschutt mit vereinzelten Phyllitbröckchen.

Die Abb. 16 zeigt die Verhältnisse und die morphologische Situation im Kalksteinbereich. Bedingt durch die relativ flache Hangneigung sind die Parabraunerden zum Teil nur leicht erodiert. Vergesellschaftet sind sie mit Syrosemen aus Kalkstein, wo dieser oberflächlich ansteht. Bezüglich der landwirtschaftlichen Nutzung verhalten sich diese Standorte ähnlich wie diejenigen auf Basalt. Nach Erosion des Decklehms besteht noch die Möglichkeit, in dem relativ mächtigen Rotlehm anzubauen. Im Gegensatz zum Basalt treten aber auf Kalkstein vorwiegend flache Hangneigungen auf, so daß die Bodenerosion nicht so intensiv wirken kann.

8.3.9 Auenböden und Gleye

Die jüngste Terrasse im Arbeitsgebiet, die T_5, trägt eine Auelehmdecke, die durch Mächtigkeitsunterschiede in zwei unterschiedliche Niveaus differenziert ist. Diese Niveaus wurden entsprechend als T_{5a} und T_{5b} angesprochen. Das höhere Niveau der T_{5a}, deren Oberfläche etwa 2 m über dem Grundwasserspiegel liegt, trägt als charakteristischen Boden einen 'Braunen Auenboden'. Vergleyungsmerkmale beginnen erst im tieferen Unterboden, etwa ab 130 cm unter Geländeoberfläche. Das Substrat besteht aus schwach lehmigem Feinsand bis lehmigem Schluff, stellenweise ist eine Schichtung zu erkennen. Aus dem M-Horizont eines Braunen Auenbodens wurde eine Probe in 60 cm Tiefe genommen und analysiert (s. Tab. 9). Der pH-Wert beträgt 3,8 und bedingt eine geringe effektive Austauschkapazität. S-Wert und V-Wert sind Null, da austauschbare Kationen nicht vorhanden sind. Der Sorptionskomplex ist mit H^+-Ionen abgesättigt. Diese Standorte werden vorwiegend als Weide genutzt, vereinzelter Anbau von Hackfrüchten kommt vor. Einschränkend für die Landwirtschaft wirkt die Überflutungs- und Frostgefahr. Auelehmsedimentation ist beschränkt auf die Talweitungen. In den oft V-förmigen Tälern sind deshalb keine braunen Auenböden anzutreffen (vergl. Karte im Anhang). Auf dem jüngsten Niveau der T_{5b}-Terrasse steht das Grundwasser bei ca. 110 cm unter Flur. Der Boden ist ein Auengley. Ein typisches Profil ist in der breiten Aue des Rio Conceição bei R 654100 / H 7202430 aufgeschlossen:

A_i	0 - 1 cm,	graubrauner, schwach humoser, lehmiger Schluff
M_1	- 40 cm,	gelbbrauner, lehmiger Schluff
M_2	- 60 cm,	brauner, schluffiger Feinsand
G_o	- 85 cm,	brauner, rot-grau marmorierter Feinsand
G_r	- 95 cm,	grauer Feinsand, feucht
IIG_r	- 120 cm +,	grauer, sandiger Kies, naß, an der Obergrenze ca 0,5 cm mächtige Eisenkruste.

Dieses Niveau wird jährlich mehrmals überflutet. Die Nutzung erfolt ausschließlich als Weideland für die Tiere.

In flachen Talanfängen und in Dolinen, sowie anderen abflußlosen Hohlformen sind oftmals Gleye entwickelt. Die Bodenart wechselt je nach Untergrund von schluffigem Sand bis lehmigem Ton. Ein typisches Profil zeigt die Tab. 10. Die Oxidationsflecken reichen bis in den A_h-Horizont. Die Werte für das oxalat- und dithionitlösliche Eisen lassen die reduzierenden Bedingungen im G_r-Horizont erkennen.

8.3.10 Niedermoor

An einer einzigen Stelle im Arbeitsgebiet konnte sich in einer Hohlform im Wasserscheidenbereich ein Niedermoor entwickeln. Ca. 120 cm mächtiger Niedermoortorf überlagert hier grauen Basaltlehm aus schluffigem Lehm. Die Hohlform ist auf Migmatit ausgebildet, der Basaltlehm stammt von umrahmenden Basaltstielen. Er dichtet die Form nach unten hin ab. Eine Mischprobe des Torfs von 60 - 120 cm Tiefe ergab ein ^{14}C-Alter von 2255±50 B.P. Dies deutet auf eine erhöhte Humidität in dieser Phase, wie sie auch von BIGARELLA & BECKER (1975) durch Datierungen von Auelehmen und Küstenterrassen angenommen wird. Das Niedermoor wird zur Zeit durch einen Graben entwässert und landwirtschaftlich genutzt.

8.3.11 Tabellen der Laboranalysen

T	– Ton
U	– Schluff
S	– Sand
L	– Lehm
AKe	– effektive Austauschkapazität, in mval/100 g Boden
AKp	– potentielle Austauschkapazität, in mval/100 g Boden.
S-Wert	– Summe der basisch wirkenden Kationen, in mval/100 g Boden.
V-Wert	– Basensättigung bezogen auf AKp, in %.
Fe_O	– Oxalatlösliches Eisen (%).
Fe_D	– Dithionitlösliches Eisen (%).
Fe_O/Fe_D	– Aktivitätsgrad
C	– Kohlenstoff (%).
Nges.	– Gesamtstickstoff.

Horizt.-bez.	Horizt.-Mächtigk.(cm)	Bodenfarbe n. MUNSELL trocken	feucht	T	\<2µ	fU	mU	gU	Uges.	fS	mS	gS	Sges.	Bodenart
A_h	0 – 15	10 YR 5/5	10 YR 3/4	20,6		11,5	12,6	15,8	39,9	21,1	12,0	6.4	39,5	sL
C_v	– 45	10 YR 8/6	10 YR 6/8	5,1		13,0	21,1	13,5	47,6	18,0	18,6	10,7	47,3	uS

(Header note: KORNGRÖSSENVERTEILUNG)

	pH-Wert	AKe	AKp	S-Wert	V-Wert	Austauschb. Kationen					Fe_O	Fe_D	Fe_O/Fe_D
						Na^+	K^+	Mg^{2+}	Ca^{2+}	H^+			
A_h	3,76	7,39	24,63	2,53	10,27	0,0	0,18	0,27	2,08	22,1	0,206	3,196	0,064
C_v	4,25	1,58	5,39	0,00	0,00	0,0	0,0	0,0	0,0	5,39	0,025	1,672	0,015

	C	Nges.	C/N
A_h	2,983	0,248	12,028

Tab. 3   Bodenchemische Werte und Korngrößenverteilung eines Rankers aus Phyllit

Horizt.-bez.	Horizt.-Mächtigk.(cm)	Bodenfarbe n. MUNSELL trocken	feucht	T	KORNGRÖSSENVERTEILUNG fU	mU	gU	Uges.	fS	mS	gS	Sges.	Bodenart
A_h	0 - 10	10 YR 3/2	10 YR 2/2	7,3	3,2	3,6	8,9	15,7	26,1	30,6	20,3	77,0	l'S
B_v	- 50	7,5 YR 5,5/4	7,5 YR 4/4	19,1	3,5	5,1	6,2	14,8	17,1	24,9	24,1	66,1	lS

	pH-Wert AKe	AKp	S-Wert	V-Wert	Austauschb. Kationen Na$^+$	K$^+$	Mg^{2+}	Ca^{2+}	H$^+$	Fe$_O$	Fe$_D$	Fe$_O$/Fe$_D$	C
A_h	3,93	20,20	39,25	18,81	47,92	0,0	0,78	2,49	15,54	20,44	0,186	2,570	0,072	6,309
B_v	3,91	3,56	14,25	0,0	0,0	0,0	0,0	0,0	14,25	0,134	3,717	0,036	-

	Nges.	C/N
A_h	0,701	9,0

Tab. 4 Bodenchemische Werte und Korngrößenverteilung einer Braunerde aus Quarzit

Horiz.-Bez.	Horiz.-Mächtigk.(cm)	Bodenfarbe n. MUNSELL trocken	feucht	T	fU	mU	gU	Uges.	fS	mS	gS	Sges.	Bodenart
A$_P$	0 - 5	5 YR 5/6	5 YR 4/4	30,2	9,8	7,0	12,3	29,1	18,5	18,2	4,0	40,7	stL
(f)B	5	5 YR 5/7	2,5 YR 4/4	67,4	4,4	3,0	5,5	13,9	10,3	6,8	1,6	18,7	T

	pH-Wert	AKe	AKp	S-Wert	V-Wert	Austauschb. Kationen				Fe$_O$	Fe$_D$	Fe$_O$/Fe$_D$
						Na$^+$	K$^+$	Mg^{2+}	Ca^{2+}	H$^+$			
A$_P$	4,82	4,22	11,40	4,04	35,44	0,0	0,0	0,47	3,57	7,36	0,058	4,636	0,013
(f)B	3,91	3,95	14,42	0,51	3,54	0,0	0,0	0,00	0,51	13,91	0,117	8,098	0,014

Tab. 5   Bodenchemische Werte und Korngrößenverteilung eines Rotlehms über Dolomit

Horizt.-bez.	Horizt.-Mächtigk. (cm)	Bodenfarbe n. MUNSELL trocken	feucht	T	fU	mU	gU	Uges.	fS	mS	gS	Sges.	Bodenart
(f) B	0 - 200	2,5 YR 4,5/8	2,5 YR 3/6	85,4	9,1	1,7	2,3	13,1	1,1	0,3	0,1	1,5	T

	pH-Wert	AKe	AKp	S-Wert	V-Wert	Austauschb. Kationen Na^+	K^+	Mg^{2+}	Ca^{2+}	H^+		Fe_O	Fe_D	Fe_O/Fe_D
(f) B	4,07	10,12	18,78	4,25	22,63	0,0	0,0	1,57	2,68	14,53		0,291	11,521	0,025

Tab. 6 Bodenchemische Werte und Korngrößenverteilung eines Rotlehms aus Basalt

Horizt. bez.	Horizt.-Mächtigk.(cm)	Bodenfarbe n. MUNSELL trocken	Bodenfarbe n. MUNSELL feucht	T	fU	mU	gU	Uges.	fS	mS	gS	Sges.	Bodenart
A_p	0 - 15	10 YR 7/4	10 YR 3,5/4	34,4	13,8	16,5	9,9	40,2	10,6	9,7	5,1	25,4	t'L
A_l	- 45	10 YR 7/4	10 YR 3,5/6	29,9	21,1	24,2	10,3	55,6	5,0	4,7	4,8	14,5	uL
B_t	- 95	10 YR 6,5/6	7,5 YR 5/7	43,8	16,6	22,3	7,1	46,0	2,4	2,9	4,9	10,2	tL
IIC_v	- 95	10 YR 8/6	7,5 YR 5/8	6,3	20,5	37,3	14,1	71,9	5,2	8,0	8,6	21,8	sU

	pH-Wert	AKe	AKp	S-Wert	V-Wert	Austauschb. Kationen Na$^+$	K$^+$	Mg^{2+}	Ca^{2+}	H$^+$
A_p	4,06	7,65	21,07	3,91	18,56	0,00	0,00	0,85	3,06	17,20
A_l	3,95	6,59	20,22	3,02	14,94	0,02	0,79	0,58	1,53	17,20
B_t	3,92	1,26	14,22	0,67	4,71	0,02	0,15	0,00	0,50	13,55
IIC_v	4,13	3,56	4,37	0,03	1,64	0,03	0,05	0,0	0,0	4,79

	Fe_O	Fe_D	Fe_O/Fe_D
A_p	0,206	2,787	0,074
A_l	0,280	4,109	0,068
B_t	0,145	4,273	0,034
IIC_v	0,015	4,366	0,003

	C	Nges.	C/N
A_p	1,40	0,14	10,06

Tab. 7 Bodenchemische Werte und Korngrößenverteilung einer Parabraunerde aus Decklehm über Phyllitzersatz

Horizt.-bez.	Horizt.-Mächtigk.(cm)	Bodenfarbe n. MUNSELL trocken	Bodenfarbe n. MUNSELL feucht	T	fU	mU	gU	Uges.	fS	mS	gS	Sges.	Bodenart
A_h	0 - 25	10 YR 6/3	10 YR 3,5/2	9,0	13,3	18,3	27,3	58,9	21,6	7,1	3,4	32,1	s'U
A_l	- 45	10 YR 7,5/4	10 YR 5,5/6	13,8	12,6	23,0	24,4	60,0	17,6	6,0	2,6	26,2	s'U
B_t	- 95	10 YR 7/6	7,5 YR 5,5/6	27,3	11,6	15,4	18,0	45,0	18,3	6,0	3,4	27,7	t'L
$II(f)B$	- 125	7,5 YR 7/7	5 YR 5/7	32,3	11,1	16,8	16,8	44,7	16,0	4,2	2,8	23,0	t'L
IIC_v	125	7,5 YR 6,5/6	7,5 YR 5/6	18,1	10,6	23,0	21,9	55,5	17,0	5,8	3,6	26,4	uL

	pH-Wert	AKe	AKp	S-Wert	V-Wert	Austauschb. Kationen				Fe_O	Fe_D	Fe_O/Fe_D
						Na^+	K^+	Mg^{2+}	Ca^{2+}	H^+			
A_h	5,25	7,12	14,89	6,88	46,21	0,13	0,00	1,11	5,64	8,01	0,106	1,574	0,067
A_l	4,51	2,63	7,01	1,34	19,12	0,0	0,0	0,33	1,01	5,67	0,056	1,723	0,033
B_t	4,04	2,50	7,32	1,29	16,49	0,02	0,0	0,25	1,02	6,53	0,047	3,080	0,015
$II(f)B$	4,05	3,83	7,81	0,66	8,45	0,0	0,0	0,16	0,50	7,15	0,050	3,433	0,015
IIC_v	4,12	2,11	6,35	0,68	10,71	0,0	0,0	0,17	0,51	5,67	0,030	3,071	0,010

	C	Nges.	C/N
A_h	2,018	0,182	11,088

Tab. 8 Bodenchemische Werte und Korngrößenverteilung einer Parabraunerde aus Decklehm über Rotlehm aus Migmatit über Migmatitzersatz

Horizt.-bez.	Horizt.-Mächtigk.(cm)	Bodenfarbe n. MUNSELL trocken	feucht	KORNGRÖSSENVERTEILUNG T	fU	mU	gU	Uges.	fS	mS	gS	Sges.	Bodenart
M	0 - 160	10 YR 7/6	10 YR 4,5/6	24,5	20,2	26,1	19,9	66,2	8,1	0,9	0,3	9,3	slU

	pH-Wert	AKe	AKp	S-Wert	V-Wert	Austauschb. Kationen Na^+	K^+	Mg^{2+}	Ca^{2+}	H^+		Fe_O	Fe_D	Fe_O/Fe_D
M	3,8	1,58	10,75	0,08	0,74	0,08	0,0	0,0	0,0	10,67		0,231	3,104	0,074

Tab. 9 Bodenchemische Werte und Korngrößenverteilung eines Braunen Auenbodens

Horizt.-bez.	Horizt.-Mächtig.(cm)	Bodenfarbe n. MUNSELL trocken	feucht	T	fU	mU	gU	Uges.	fS	mS	gS	Sges.	Bodenart
G_oA_h	0 - 10	10 YR 4,5/4	10 YR 3/4	3,1	9,5	5,8	21,1	36,4	37,3	20,4	2,8	60,5	uS
G_o	- 40	10 YR 5/6	10 YR 3,5/4	2,2	5,0	9,1	15,9	30,0	27,7	36,2	5,9	67,8	uS
G_r	40	10 YR 4,5/6	10 YR 3/4	3,1	6,9	15,9	13,1	35,2	37,2	17,9	4,6	61,7	uS

KORNGRÖSSENVERTEILUNG

	pH-Wert	AKe	AKp	S-Wert	V-Wert	Austauschb. Kationen Na$^+$	K$^+$	Mg^{2+}	Ca^{2+}	H$^+$	Fe$_O$	Fe$_D$	Fe$_O$/Fe$_D$
G_oA_h	5,70	12,4	15,82	9,47	59,86	0,03	0,05	2,46	6,93	6,35	0,769	3,922	0,196
G_o	5,81	8,42	10,10	7,63	75,54	0,04	0,0	1,95	5,64	2,47	0,720	3,874	0,186
G_r	4,45	6,46	19,62	4,69	23,90	0,04	0,0	0,73	3,92	14,93	1,710	2,800	0,611

	C	Nges.	C/N
G_oA_h	2,464	0,224	11,00

Tab. 10 Bodenchemische Werte und Korngrößenverteilung eines Gleys

9 Typische Catenen des Arbeitsgebietes

Die Abb. 12 zeigt zwei charakteristische Bodenabfolgen der metamorphen Gesteine im Bereich eines konvex und eines konvex-konkaven Hangprofiles. Das konvexe Profil zeichnet im wesentlichen die rotlehmzeitliche Oberfläche nach, die durch Abtragung und anschließende Decklehm-Sedimentation noch schwach überprägt ist. Wo Talweitungen eine stärkere Sedimentation von Decklehm erlaubten, wurde die prädecklehmzeitliche Oberfläche in einen konkav auslaufenden Hangfuß umgewandelt. Der Rotlehm mit hangender Steinlage taucht dabei unter den Decklehm ab.

Bedingt durch die heutige agrarische Nutzung mit vorwiegend Hackfrüchten, hat die Bodenerosion teilweise Decklehm und Rotlehm entfernt, und der Gesteinszersatz kommt an die Oberfläche. So finden wir heute im konvexen Hangbereich alle Übergänge von Parabraunerden auf den Verebnungen, sowie Rotlehmen und Rankern in den steilsten Abschnitten. Wo am Unterhang mächtige Decklehmakkumulationen das Relief verflachen, setzt wieder eine Parabraunerde ein, die noch mit kolluvialem Material überlagert sein kann.

Auf der Abb. 13 ist dargestellt, wie eine Fläche im Pd_1 - Niveau durch ein Kerbtal zerschnitten wird. Die Verebnung trägt eine Parabraunerde aus Decklehm, an den steilen Talhängen kommt der phyllitische Gesteinszersatz an die Oberfläche. Beide Reliefeinheiten werden getrennt durch einen Quarzitgang, der einen deutlichen morphologischen Härtling bildet und als typischen Boden eine Braunerde trägt.

In Abb. 14 ist ein schematisches Profil auf Phyllit dargestellt, das von einigen Basaltstielen durchsetzt ist. Die Basalte treten immer als morphologische Härtlinge in Erscheinung und bilden Kuppen und Rücken. Sie tragen einen mächtigen Rotlehm, der als dünne Decke hangabwärts über den Phyllit zieht. Gesteinsgrenzen und Bodengrenzen sind also nicht identisch. Der typische Boden auf Phyllit ist eine Parabraunerde, die je nach Hangneigung und Nutzung mehr oder weniger erodiert ist. Abflußlose Hohlformen im Wasserscheidenbereich tragen häufig Gleye. Der Übergang zur Aue wird durch das Auftreten von Hochflutlehmen und -sanden markiert, in denen Braune Auenböden und Auengleye entwickelt sind.

Die Abb. 15 zeigt ein Profil im Bereich des Dolomits. Zahlreiche Phyllitlinsen untergliedern die Gesteinsserien und bauen in vielen Fällen auch die Kuppen auf. Oft sind diese exponierten Kuppen von Decklehm befreit und tragen einen Ranker.

Hangabwärts einsetzender Decklehm zieht mit basaler Steinlage aus Quarz und
Phyllit über den Dolomit-Rotlehm hinweg. In diesem phyllitischen Material hat
sich eine Parabraunerde entwickelt. Weiter hangabwärts geht der braune Decklehm
in den Rotlehm über, bis eine erneute Phyllitlinse wieder frisches Material be-
reitstellte, in dem sich Parabraunerden entwickeln konnten. Auf diese Art und
Weise ist das dichte Nebeneinander brauner und roter Böden im Dolomitgebiet zu erklären.

Auf Kalkstein herrschen ähnliche Verhältnisse wie auf Dolomit (Abb. 16). Die
Unterhanglage des Kalksteins und die hangenden Phyllite und Migmatite (vergl.
Karte im Anhang) bedingen eine vollständige Überlagerung des Rotlehms mit allochthonem Decklehm, im dem heute Parabraunerden in unterschiedlichen Erosionsstadien
auftreten. Bis in die Tiefenlinie sind die kristallinen Gesteinskomponenten in
der Steinlage festzustellen. Nur lokal kommen einzelne Kalkrippen an die Oberfläche und tragen Rohböden. Der höchste Punkt des Profils wird durch einen Basalt-
stiel gebildet. Entsprechend treten hier Rotlehme auf.

Die Abb. 17 liegt im Bereich einer Karstrandebene. Der Rio Conceição hat, aus einem Phyllitgebiet im Hintergrund kommend, kristallines Material als Schotter und
Hochflutlehm auf dem Dolomit abgelagert. Die Aue ist differenziert in zwei Niveaus
und zahlreiche Dolinen, die verbreiteten Bodentypen sind Braune Auenböden und
Gleye. Die beiden Hänge im Profilschnitt tragen unterschiedliche Deckschichten
und somit unterschiedliche Böden. Die Rotlehme des SSE-exponierten Dolomithanges
ziehen randlich bis unter die Niederterrassenschotter. Am gegenüberliegenden Hang
wird der Rotlehm von braunem Decklehm phyllitischer Herkunft überdeckt.

Auch auf Basalt ziehen die Rotlehme bis unter das rezente Talbodenniveau, wie die
Abb. 18 zeigt. Am S-exponierten Hang aus Phyllit sind wegen der Steilheit vorwiegend Ranker anzutreffen. Nur im Bereich einer geringmächtigen Schotterterrasse
hat sich der Decklehm mit erodierter Parabraunerde erhalten. Für die Aue gilt
die gleiche Differenzierung wie sie bereits an vorhergehenden Abbildungen erläutert
wurde.

Typical catenas of the area under investigation

Fig. 12 shows two characteristic soil sequences on metamorphic rocks which are differentiated by morphology. We can distinguish a convex and a convex-concave slope profile. The convex profile mainly represents the 'latosol-time' surface, slightly modified by erosion and following sedimentation of 'Decklehm'. Where valley widenings led to a thicker 'Decklehm' - accumulation the 'pre-decklehm-time' surface was changed into a concave ending slope. The latosol with its hanging stonelayer disappears under the 'Decklehm'.

Caused by the agricultural activities of today with the predominant cultivation of root crops, erosion partially removed the 'Decklehm' and the latosol, exposing the saprolite at the surface. Therefore we find all transitions from acrisols on the planes, eroded acrisols with the beginning inclination of the slopes, to latosols and rankers in the steepest parts. Where there are thick accumulations of 'Decklehm' at the bottom of the slope, we find acrisols again, sometimes covered by younger colluvium.

Fig. 13 shows a plane at the Pd_1 - level which is dissected by a small canyon. The plane is covered with an acrisol, developed in the 'Decklehm'. The steep valley flanks are characterised by rankers on saprolite. Both relief types are devided by a quarzite vein, which forms a crest. The soil type of this vein is a cambisol.

Fig. 14 represents a schematic profile on phyllite penetrated by some basalt pipes. The basalts are resistant against erosion, forming summits and crests. They bear a thick latosol, parts of which were transported downslope and now covers the phyllite. Therefore it can be stated that petrographic and soil border-lines are not identical. The typical soil type on phyllite is the acrisol in all erosional stages, depending on slope inclination and human impact. Depressions without drainage in the watershed area bear gleysols. The transition to the valley floor is marked by the occurence of alluvial loams and sands, which have developed fluviosols and gleysols.

Fig. 15 shows a profile of the dolomite area. Numerous phyllit lenses are imbedded and in many cases form summits. Very often on these exposed summits the 'Decklehm' is eroded and rankers on saprolite are of the characteristic soil type. The downslope starting 'Decklehm' cover, with its basal stonelayer of quartz and phyllite, runs over the dolomitic latosol. In this phyllitic material an acrisol has developed. Further downslope the brownish 'Decklehm' turns into a latosol up to the next phyllite lens, where the latosol is changing to an acrisol again. As a result we can understand the fine mosaic of brown and red soils in the dolomite area.

On limestone the soil distribution is similar to that of dolomite (Fig. 16). The morphological situation of the limestone at the lower part of the slope, with hanging phyllite and migmatite, causes a complete superimposition of the latosol with allochthonous 'Decklehm'. We therefore find acrisols in all erosional stages. Up to the bottom contour line one can notice crystalline rock fragments in the stonelayer. Locally exposed limestone bars bear lithosols. The top of the profile is formed by a basalt pipe. The soil therefore is of a latosol type.

Fig. 17 shows a cross section through a 'karstrandebene'. The Rio Conceição has accumulated crystalline material from the phyllite area of its upper part. The valley floor is differentiated in two levels with numerous dolines, bearing fluviosols and gleysols. The two slopes of the cross section bear different covering stratas and therefore different soils. The latosol of the SSE-exposed dolomite slope marginally drops below the youngest gravel-terrace. At the opposite slope the latosol is covered by a brownish 'Decklehm' of phyllitic material.

On basalt the latosols reach down as far as the valley floor, which is shown at fig. 18. At the phyllite slope with S-exposition there are only rankers, because of the steepness. Only in the area of a small gravel terrace was the 'Decklehm' with an acrisol not totally eroded. At the alluvial valley floor exists the same differences as already described in the other profiles.

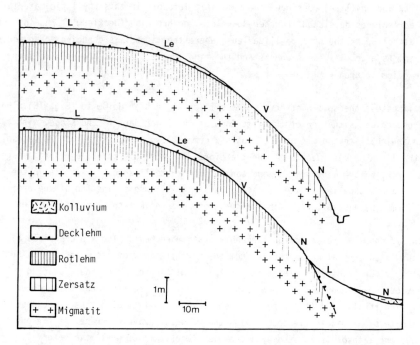

Abb. 12 Relief- und Bodenentwicklung auf Migmatit. Konvexes und konvex-konkaves Hangprofil (schematisch).
L Parabraunerde (Acrisol); Le erodierte Parabraunerde;
V Rotlehm (Latosol); N Ranker

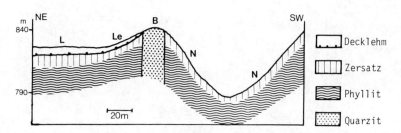

Abb. 13 Relief- und gesteinsbedingte Bodenabfolge im Phyllitgebiet
L Parabraunerde (Acrisol); Le erodierte Parabraunerde;
B Braunerde (Cambisol); N Ranker

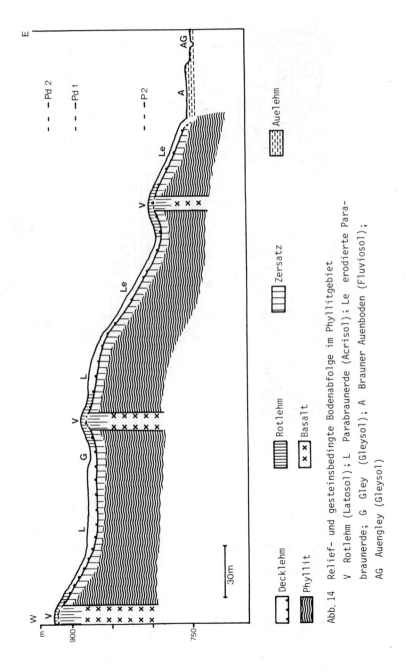

Abb. 14 Relief- und gesteinsbedingte Bodenabfolge im Phyllitgebiet
V Rotlehm (Latosol); L Parabraunerde (Acrisol); Le erodierte Parabraunerde; G Gley (Gleysol); A Brauner Auenboden (Fluviosol); AG Auengley (Gleysol)

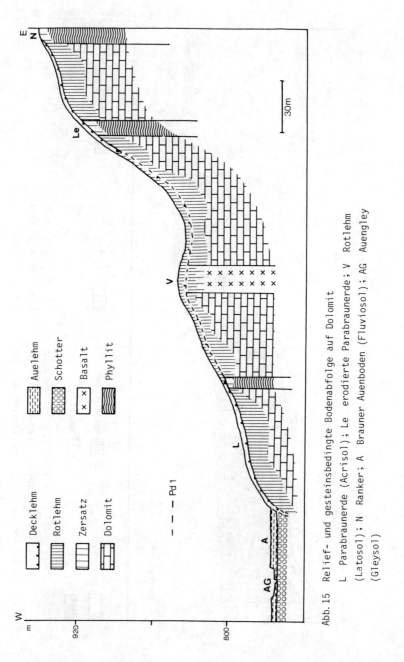

Abb. 15 Relief- und gesteinsbedingte Bodenabfolge auf Dolomit
L Parabraunerde (Acrisol); Le erodierte Parabraunerde; V Rotlehm (Latosol); N Ranker; A Brauner Auenboden (Fluviosol); AG Auengley (Gleysol)

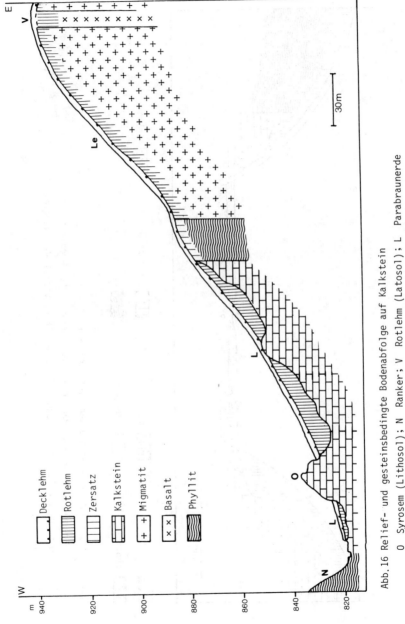

Abb. 16 Relief- und gesteinsbedingte Bodenabfolge auf Kalkstein
O Syrosem (Lithosol); N Ranker; V Rotlehm (Latosol); L Parabraunerde
(Acrisol); Le erodierte Parabraunerde

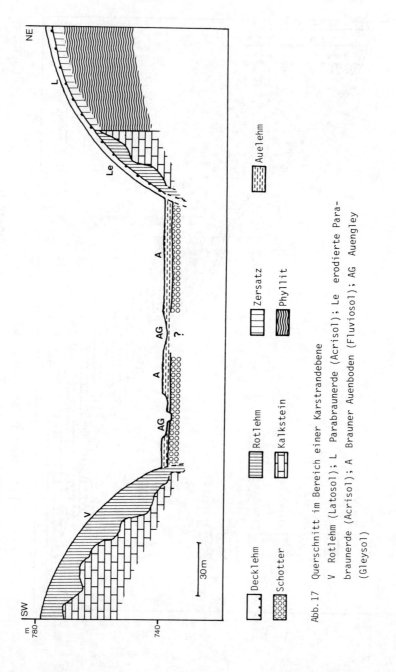

Abb. 17 Querschnitt im Bereich einer Karstrandebene
V Rotlehm (Latosol); L Parabraunerde (Acrisol); Le erodierte Parabraunerde (Acrisol); A Brauner Auenboden (Fluviosol); AG Auengley (Gleysol)

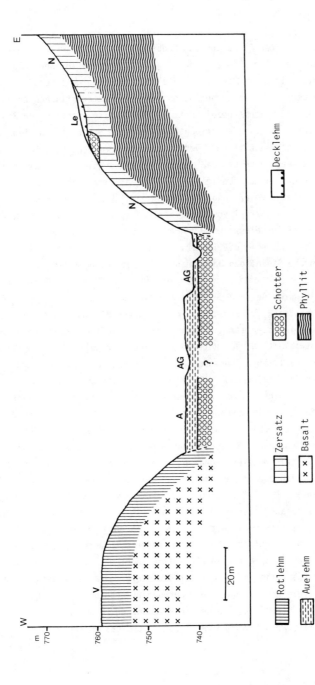

Abb. 18 Schematischer Querschnitt durch das Tal des Rio Conceição

N Ranker; Le erodierte Parabraunerde (Acrisol); V Rotlehm (Latosol)
A Brauner Auenboden (Fluviosol); AG Auengley (Gleysol)

10 Zusammenfassung

Die Böden des kristallinen Planaltos von Südbrasilien im Bereich nordwestlich von Curitiba sind mehrschichtig. Sie sind das Ergebnis jungpleistozäner Umlagerungsvorgänge, die unter einem arideren Klima als heute, bei aufgelockerter Vegetation stattfanden. Die Deckschichten wurden wegen ihrer charakteristischen Korngrößenzusammensetzung als 'Decklehm' bezeichnet. Typischerweise liegt an der Basis des Decklehms eine Steinlage, die das allochthone hangende Material vom liegenden Rotlehm bzw. Gesteinszersatz trennt. Der annähernd oberflächenparallele Verlauf der Rotlehm/Zersatz-Grenze zeigt, daß das Relief im Jungpleistozän dem heutigen sehr ähnlich gewesen sein muß. Lediglich der Rotlehm wurde unter den geschilderten Bedingungen verbreitet erodiert und stellenweise vollkommen abgetragen. Dort wurde frisches Gesteinsmaterial von oberflächlich abfließendem Wasser erfaßt und am Hang verspült. Bei Gesteinswechsel am Hang sind in der Steinlage entsprechende Fremdkomponenten meist bis in die Tiefenlinie hinein zu verfolgen. Fossile Humushorizonte und mehrere Steinlagen übereinander belegen einen mehrmaligen Wechsel von stabilen Zeiten mit Bodenbildung und geomorphologisch aktiven Zeiten mit Verspülung am Hang im Würm. Auf den metamorphen Gesteinen mit relativ geringmächtiger Rotlehmbildung haben sich im hangenden Decklehm durch die Kombination von frischem Material aus dem Gesteinszersatz und geänderten Klimabedingungen des Holozäns Parabraunerden entwickelt. Wo der Rotlehm mächtiger war, wie vor allem auf Basalt, wurde in der jungpleistozänen Erosionsphase der Zersatz nie erreicht und folglich auch kein frisches Material verspült. Hier wurde nur der Rotlehm selbst verlagert, der unter dem gegenwärtigen Klima zumindest erhaltungsfähig ist, da keine Spuren von Verbraunung festgestellt werden konnten. Die allochthone Rotlehmdecke mit Basaltwollsäcken zieht am Hang ebenfalls über Fremdgesteine hinweg. Somit ergibt sich die Bodendifferenzierung Rotlehm/Parabraunerde nicht primär nach unterschiedlich alten Reliefeinheiten, sondern sie ist geologisch-petrographisch gesteuert. Es finden sich ebenso Parabraunerden auf Kuppen und Flächenresten bis in das miozän/pliozäne Pd_2 - Niveau, wie auch Rotlehme andererseits bis hinunter in den Bereich der Talauen ziehen. Der Decklehm mit basaler Steinlage ist auf die jüngste Schotterterrasse eingestellt, die damit noch ins Würm zu stellen ist. Insgesamt werden fünf jungpleistozäne Schotterterrassen unterschieden. Mit Beginn des Holozäns dominiert dann der Feinmaterialtransport der Flüsse. Die Mächtigkeit der Hochflutlehmakkumulation differenziert die Niederterrasse in zwei Niveaus. Die hohe Reliefenergie und die seit der Jahrhundertwende betriebene Landwirtschaft führen in jüngster Zeit zu einer Neubelebung der geomorphologischen Aktivität. Die Bodenprofile werden verbreitet erodiert und das abgeschwemmte Material durch die Vorfluter schnell abtransportiert oder, lokal begrenzt als Kolluvium, am Unterhang abgelagert. In großen Teilen des Untersuchungsgebietes ist bereits der Gesteinszersatz freigelegt. Die Standorte sind nur noch bedingt agrarisch nutzbar. So ergibt sich heute durch die spezifische Geofaktorenkombination, die jungpleistozäne Entwicklungsgeschichte in diesem Raum sowie durch den wirtschaftenden Menschen ein feines Mosaik unterschiedlicher Boden- und Standorteigenschaften. Dieses Muster ist nicht starr, sondern bewegt sich durch anthropogen ausgelöste rezente Geomorphodynamik hin zu einer überwiegenden Verschlechterung agrarischer Nutzungsmöglichkeiten.

Summary

The soils of the crystalline planalto of southern Brazil northwest of Curitiba are stratified. They are the result of younger pleistocene geomorphodynamic processes, happening under a drier climate and a less dense vegetation cover than today. The covering strata was called 'Decklehm', because of its characteristic particle-size distribution. Typically there is a stonelayer at the base of the 'Decklehm', seperating the allochthonous hanging material from the lying latosol, resp. from the saprolite. The almost surface-parallel course of the latosol/saprolite contact shows, that the morphology of the younger pleistocene landscape was similar to that one of today. Only the latosol was widely eroded under the described conditions. At places where bare saprolite reached the surface, fresh rock-material was washed downwards. If the petrographic character changes at one slope, corresponding components of the hanging material can mostly be found in the stonelayer up to the bottom contour line. Fossil humic horizons and several stonelayers one upon the other prove a multiple change of stable phases with soil development and geomorphological active phases with sediment wash-off occuring at the slopes during Würm. On the metamorphic rocks with relatively little thickness of the 'pre-Decklehm-time' latosol, acrisols are developed in the hanging 'Decklehm'. This is caused by the combination of fresh material from the saprolite and changed climatic conditions during holocene. If the latosol had had a greater thickness, like on basalt, the saprolite was never exposed by erosion in the Younger Pleistocene and therefore no fresh material could be washed out. In this cases only parts of the latosol itself were washed down. It seems to be stable under the present day climate, because no signs of brown iron could be found macroscopically. The allochthonous red loam cover with basaltic weathered rocks, also overlays downslope metamorphic rocks too. As a result the soil differentiation latosol/acrisol is primarily not caused by the different ages of relief units, but geological-petrografically influenced. Acrisols can also be found upon summits and plane remnants up to the miocene/pliocene Pd_2-level, as Latosols occur in the region of the valley floor. The 'Decklehm' with its basal stonelayer corresponds stratigraphically to the youngest gravel terrace, which is therefore also Würm. Altogether five gravel terraces of the younger Pleistocene are differentiated. With the beginning Holocene mainly fine material was transported by the rivers. The thickness of alluvial loam and sand accumulations devides the youngest gravel terrace into two niveaus. High relief intensity combined with agriculture since the turn of the century lead to a revival of geomorphological activity. The soils get eroded and the washed-down material is either transported by the rivers or locally sedimentated as 'colluvium'. In great parts of the area under investigation the saprolite is already exposed. Agricultural utilization is restricted then. Therefore today one can find a fine mosaic of different soil qualities, influenced by the constellation of geomorphic factors, the morphogenetical development of the area and the human activity. This pattern is not rigid but changing to a predominant deterioration of the agricultural potential, caused by the anthropogen released geomorphodynamics.

Resumo

Os solos do planalto cristalino Sul-Brasileiro da região a Noroeste de Curitiba apresentão uma superposição de várias camadas. São resultado dum desarmazenamento no Plistocênico superior, o qual iniciou-se com um clima mais árido e uma vegetação menos densa que atualmente. Devido à sua compoasição granular, as camadas superiores foram chamadas "Decklehm". É típico que na base do "Decklehm" encontra-se uma camada pedregosa que separa o material pendente áloctono do encontrado latosolo ou saprolith. O límite superior do latosolo fica num nível aproximadamente paralelo à superfície do terreno atual o que indica que o relêvo do Plistocênico superior tem sido muito parecido ao relêvo atual. Apenas o latosolo foi, nas circunstâncias descritas, largamente erodido, e nalguns casos até tem desaparecido. Nestes sítios o material rochoso novo foi erodido por águas e espalhado nas encostas. Caso houver várias camadas de rochas numa encosta, os materiais que daí originam podem-se normalmente prosseguir até ao talvegue. A alternação de camadas pedregosas e horizontes de humo fossilizado comprova que houve (no Würm) várias mudanças entre épocas estáveis com formação de latosolo e épocas de atividade geomorfológica com espalhamento de material nas encostas. Nos "Decklehm" que ficam sobre latosolos delgados desenvolvidos à base de rochas metamórficas têm-se formado podsólicos vermelho-amarelos devido à combinação de material novo do saprolith e condicionalismos climáticos alterados no Holocênico. Onde as camadas de latosolo eram mais espessas, especialmente sobre basaltos, o saprolith nunca foi atingido na fase erosiva do Plistocênico superior e, por consequência, não houve espalhamento do material novo. Nota-se que apenas o próprio latosolo foi erodido. Nos condicionalismos climáticos atuais, este material pelo menos é capaz de ficar inalterado, pois não muda de côr. A camada de latosolo áloctono com pedras basálticas sobrepõe-se também às encostas de pedras metamórficas. Portanto, a diferenciação dos solos em latosolos e podsólicos vermelho-amarelos não é principalmente o resultado de várias idades de relêvo, mas está relacionada à petrografia. Encontram-se podsólicos vermelho-amarelos sobre cumes e pedimentos até ao nível Pd_2 do Miocênico/Pliocênico, como também latosolos até aos fundos dos vales. O "Decklehm" com camada pedregosa por baixo continua até ao terraço mais novo, o que por isso corresponde ao período do "Würm". No total, podem-se diferenciar 5 terraços no Plistocênico superior. Com o início do Holocênico predomina o transporte de material fino pelos rios. O terraço inferior é separado em dois níveis pela espessura da acumulação do material fino das cheias. A atividade geomorfológica tem sido reanimada pela alta energia do relêvo e pela agricultura iniciada no fim do século passado. Nota-se a intensiva erosão dos solos; o material é rápidamente levado pelos rios ou localmente depositado (como colúvio) ao pé das encostas. Numa grande parte da região estudada o saprolith já está exposto. Nas áreas respectivas as possibilidades de utilização do solo estão bastante reduzidas. A combinação dos factores petrográficos/geológicos, do desenvolvimento no Plistocênico superior e da acividade humana tem levado a uma diferenciação fina das características dos solos e unidades naturais. Essas características não são estáveis e tendem, por causa do desenvolvimento geomorfológico recente iniciado pelo homem, a uma diminuição da capacidade de utilização agrícola.

11. Literaturverzeichnis

AB'SABER, A.N. (1962): Revisão dos conhecimentos sobre o horizonte sub-superficial de cascalhos inhumados do Brasil Oriental. - Bol. Univ. do Paraná, Inst. Geol., Geografia Fisica, 2: 1-32; Curitiba.

ALONSO, M.T.A. (1977): Vegetação. - In: IBGE (Hrsg.): Geografia do Brasil, Região Sul, 5: 81-109; Rio de Janeiro.

BENNEMA, J. (1963): The red and yellow soils of the tropical and subtropical uplands. - Soil science, 95: 250-257; Baltimore.

BEURLEN, K. (1954): Paläogeographie und Morphogenese des Paraná-Beckens. - Z. dt. geol. Ges., 106: 519-537; Hannover.

BEURLEN, K. (1970): Geologie von Brasilien. - Beiträge zur regionalen Geologie der Erde, 9: 444 S.; Berlin, Stuttgart.

BIBUS, E. (1983): Die klimamorphologische Bedeutung von stone-lines und Decksedimenten in mehrgliedrigen Bodenprofilen Brasiliens. - Z. Geomorph. N.F. Suppl. - Bd. 48; Berlin, Stuttgart.

BIGARELLA, J.J. (1965): Contribution to the study of the Brazilian Quaternary. - Geol. Soc. Am. Spec. Paper, 84: 433-451; New York.

BIGARELLA, J.J. (1979): Recursos naturais. - In: COMEC (Hrsg.): Ouro fino, Kt. u. Erl. zu Bl. 387 Ouro fino, 1:25 000, SG. 22-X-D-I-3-NO-C: 30 S.; Curitiba.

BIGARELLA, J.J. & AB'SABER, A.N. (1964): Paläogeographische und Paläoklimatische Aspekte des Känozoikums in Südbrasilien. - Z. Geomorph., 8: 286-312; Berlin.

BIGARELLA, J.J. & MOUSINHO, M.R. (1965a): Significado paleogeográfico e paleoclimático dos depósitos rudáceos.- Bol. Paran. Geografia, 16/17: 7-16; Rio de Janeiro.

- (1965b): Considerações a respeito dos terracos fluviais, rampas de colúvio e várzeas. - Bol. Paran. Geografia, 16/17: 153-197; Rio de Janeiro.

BIGARELLA J.J. & MOUSINHO, M.R. (1966): Slope development in south eastern and southern Brazil. - Z. Geomorph. N.F., 10: 150-160; Berlin, Stuttgart.

BIGARELLA, J.J. & BECKER, R.D. (Hrsg.) (1975): International Symposium of the Quaternary. - Bol. Paran. Geosciencias, 33: 370 S.; Curitiba.

BIGARELLA, J.J. & MOUSINHO, M.R. & SILVA, J.X. (1965a): Consideraçoes a respeito da evolução das vertentes. - Bol. Paran. Geografia, 16/17: 85-116; Rio de Janeiro.

- (1965b): Pediplanos, Pedimentos e seus depósitos correlativos no Brasil. - Bol. Paran. Geografia, 16/17: 117-151; Rio de Janeiro.

BIGARELLA, J.J. & ANDRADE-LIMA, D. de & RIEHS, P.J. (1975): Consideraçoes a respeito das mudanças paleoambientais na distribuição de algumas espécies vegetais e animais no Brasil. - Sep. An. Acad. Brasileira de ciencias, Suppl. 47: 411-464; Curitiba, Porto Alegre.

BREMER, H. (1971): Flüsse, Flächen- und Stufenbildung in den feuchten Tropen. - Würzb. geogr. Arb., 35: 194 S.; Würzburg.

- (1979): Relief und Böden in den Tropen. - Z. Geomorph. N.F., Suppl. 33: 25-37; Berlin, Stuttgart.

BÜDEL, J. (1971): Das natürliche System der Geomorphologie mit kritischen Gängen zum Formenschatz der Tropen. - Würzb. geogr. Arb., 34: 152 S.; Würzburg.

- (1977): Klimageomorphologie. - 304 S.; Berlin, Stuttgart.

BRICHTA, A. & PATERNOSTER, K. & SCHÖLL, W.U. & TURINSKY, F. (1980): Die Gruta do Salitre bei Diamantina, Minas Gerais, Brasilien, kein 'Einsturzloch'. - Z. Geomorph. N.F., 24 (2): 236-242; Berlin, Stuttgart.

DAMUTH, J.E. & FAIRBRIDGE, R.W. (1970): Equatorial Atlantic deepsea arkosic sands and Ica-Age aridity in tropical South America. - Geol. Soc. Am., 81 (1): 189-206; Baltimore.

FAIBRIDGE, R.W. (1968): The Encyclopedia of geomorphology. - Encycl. earth science ser., 3: 1295 S.; New York.

FAO-UNESCO (1971): Soil map of the world. - 1:5 000 000, South America, 4: 193 S., 2 Kt.; Paris.

FÖLSTER, H. (1969): Slope development in SW-Nigeria during late Pleistocene and Holocene. - Gött. bodenkdl. Ber., 10: 3-56; Göttingen.

- (1971): Ferrallitische Böden aus sauren metamorphen Gesteinen in den feuchten und wechselfeuchten Tropen Afrikas. - Gött. bodenkdl. Ber., 20: 321 S.; Göttingen.

FREISE, F.W. (1934/35): Gesteinsverwitterung und Bodenbildung im Gebiet der 'Terra Roxa' des brasilianischen Staates São Paulo. - Chemie der Erde, 9: 100-125; Jena.

- (1936): Die Erscheinungen des Erdfließens im Tropenurwald. - Z. Geomorph., 9: 88-98; Berlin.

GENSER, H. & MEHL, J. (1977): Einsturzlöcher in silikatischen Gesteinen Venezuelas und Brasiliens. - Z. Geomorph. N.F., 21 (4): 431-444; Berlin, Stuttgart.

HAFFER, J. (1969): Specification in Amazon forest birds. - Science, 165: 131-137; Washington.

- (1971): Artenentstehung bei Waldvögeln Amazoniens. - Umschau, 4: 135-136; Frankfurt a.M.

HAMMEN, T. van der (1972): Changes in vegetation and climate in the Amazon Basin and surrounding areas during the Pleistocene. - Geol. en Mijnbouw, 51 (6): 641-643; s'Gravenhage.

- (1974): The Pleistocene changes of vegetation and climates in tropical South America. - J. Biogeogr., 1: 3-26; Oxford.

HUECK, K. (1966): Die Wälder Südamerikas. - 422 S., 253 Abb.; Stuttgart.

KING, L.C. (1956): A Geomorfologia do Brasil Oriental. - Rev. Brasil. Geografia, 18 (2): 147-266; Rio de Janeiro.

KLAMMER, G. (1981): Landforms, cyclic erosion and deposition, and Late Cenozoic changes in climate in southern Brasil. - Z. Geomorph. N.F., 25 (2): 146-165; Berlin, Stuttgart.

KLEIN, R. M. (1975): Southern Brazilian phytogeographic features and the probable influence of Upper Quaternary climatic changes in the floristic distribution. - Bol. Paran. Geosciencias, 33: 67-88; Curitiba.

KÖPPEN, W. & GEIGER, R. (1928): Klimakarte der Erde. - Gotha.

LAUER, W. (1952): Humide und aride Jahreszeiten in Afrika und Südamerika und ihre Beziehung zu den Vegetationsgürteln. - Bonner geogr. Abh., 9: 15-66; Bonn.

LEHMANN, H. (1957): Klimamorphologische Betrachtung in der Serra do Mantiquiera und im Paraiba-Tal (Brasilien). - Abh. geogr. Inst. Freie Univ. Berlin, 5: 67-72; Berlin.

LICHTE, M. (1980): Äolische Herkunft der Bodenbedeckung SE-Brasiliens. - Z. Geomorph. N.F., 24 (3): 356-360; Berlin, Stuttgart.

LOPES, J.A.U. (1966): Nota explicativa da folha geológica de Curitiba. - Bol. Univ. Fed. do Paraná, 20: 20 S.; Curitiba.

MAACK, R. (1931): Urwald und Savanne im Landschaftsbild des Staates Paraná. - Z. Ges. Erdkde., 95-116; Berlin.

- (1956): Über Waldverwüstung und Bodenerosion im Staate Paraná. - Die Erde, 8: 191-228; Berlin.

- (1968): Geografia fisica do Estado do Paraná. 350 S.; Curitiba.

MEHRA, O.-P. & JACKSON, M.-L. (1960): Iron Oxide Removal from Soils and Clays by a Dithionit-Citrat-System, buffered with Na-Bicarbonate. - Clay and Clay Minerals, Proc. 7, National Congr.; Washington D.C.

MÜLLER, M.J. (1980): Handbuch ausgewählter Klimastationen der Erde. - Forschungsst. Bodenerosion Univ. Trier, 5, 2. Aufl., 346 S.; Trier.

MÜLLER, P. (1969): Vertebratenfaunen brasilianischer Inseln als Indikatoren für glaziale und postglaziale Vegetationsfluktuationen. - Zool. Anz. Suppl., 33, Verh. Zool. Ges. 1969, 97-107; Leipzig.

MÜLLER, P. & SCHMITHÜSEN, J. (1970): Probleme der Genese südamerikanischer Biota. - Dtsche. geogr. Forschg. in der Welt v. heute, Festschrift ERWIN GENTZ, 109-122; Kiel.

MUNSELL SOIL COLOR CHARTS (1971); - Baltimore, Maryland.

NIMER, E. (1977): Clima. - In: IBGE (Hrsg.): Geografia do Brasil, Região Sul, 5: 47-84; Rio de Janeiro.

NYE, P.H. (1955): Some soil-forming processes in the humid tropics. IV. The action of the soil fauna. - J. Soil Science, 6 (1): 73-83; Oxford.

RATHJENS, C. (1973): Subterrane Abtragung (Piping). - Z. Geomorph. N.F., Suppl. 17: 168-176; Berlin.

RIEHM, H. & ULRICH, B. (1954): Quantitative kolorimetrische Bestimmung der organischen Substanz im Boden. - Landwirtschaftl. Forschung 6: 173-176; Frankfurt a. M.

RIQUER, J. (1969): Contribution to the study of stone lines in tropical an equatorial regions. - Cah. Pedol. ORSTOM 7: 71-112; Paris.

ROCHA, H.O. da (1981): Die Böden und geomorphologischen Einheiten der Region von Curitiba (Paraná-Brasilien). - Freib. bodenkundl. Abh., 10: 189 S.; Freiburg.

ROHDENBURG, H. (1970a): Hangpedimentation und Klimawechsel als wichtigste Faktoren der Flächen- und Stufenbildung in den wechselfeuchten Tropen. - Z. Geomorph. N.F. 14: 58-78; Berlin, Stuttgart.

- (1970b): Morphodynamische Aktivitäts- und Stabilitätszeiten statt Pluvial- und Interpluvialzeiten. - Eiszeitalter u. Gegenwart 21: 81-96; Öhringen.

- (1977): Beispiele für holozäne Flächenbildung in Nord- und Westafrika. - Catena 4: 65-109; Gießen.

- (1982): Geomorphologisch-bodenstratigraphischer Vergleich zwischen dem nordostbrasilianischen Trockengebiet und immerfeucht-tropischen Gebieten Südbrasiliens. - Catena Suppl., 2: 73-122; Braunschweig.

RUHE, R.V. (1959): Stone lines in soils. - Soil science 87: 223-231; Baltimore.

SABEL, K.J. (1981): Beziehung zwischen Relief, Böden und Nutzung im Küstengebiet des südlichen Mittelbrasiliens. - Z. Geomorph. N.F., Suppl. 39: 95-107, 4 Abb. 6 Tab.; Berlin, Stuttgart.

SANTOS FILHO, A. (1977): Genese und Eigenschaften repräsentativer Bodentypen in der Schichtstufenlandschaft des Staates Paranã, Brasilien. - Diss.; 192 S; Freiburg.

SCHWERTMANN, U. (1971): Transformation of Hämatit to Geothit in soils. - Nature 232 (5313): 624-625; London.

SEMMEL, A. (1963): Intramontane Ebenen im Hochland von Godjam (Äthiopien). - Erdkunde 17: 173-189; Bonn.

- (1972): Geomorphologie der Bundesrepublik Deutschland. - Geogr. Z., Beih. 30: 149 S.; Wiesbaden.

- (1977): Grundzüge der Bodengeographie. - 1. Aufl., 120 S., 40 Abb., 12 Photos; Stuttgart.

- (1978): Braun-Rot-Grau, 'Farbtest' für Bodenzerstörung in Brasilien. - Umschau in Wissenschaft u. Technik 78 (16): 497-500; Frankfurt a.M.

- (1982a): Catenen der feuchten Tropen und Fragen ihrer geomorphologischen Deutung. - Catena Suppl., 2: 123-140; Braunschweig.

- (1982b): Diskordanzen in tropischen Basaltböden. - Manuskriptsammlung der Vorträge im Rahmen der 9. Tagung des AK Geomorphologie, B 49-51; Braunschweig.

SEMMEL , A. & ROHDENBURG, H. (1979): Untersuchungen zur Boden- und Reliefentwicklung in Süd-Brasilien. - Catena 6: 203-217; Braunschweig.

SIMPSON-VUILLEUMIER, B. (1971): Pleistocene changes in the fauna and flora of South America. - Science 173: 771-780; Washington.

SOIL CONSERVATION SERVICE & U. S. DEPARTMENT OF AGRICULTURE (1975): Soil Taxonomy - A basic system of soil classification for making and interpreting soil surveys. - Agricult. Handbook 436: 754 S.; Washington.

STOCKING, M. (1978): Interpretation of stone lines. - South African geogr. J., 60: 121-134; Johannesburg.

THOMAS, M.F. (1974): Tropical Geomorphologie. - 332 S., London, Basinstoke.

TRICART, J. (1972): The Landforms of the Humid Tropics, Forests and Savannas. - 306 S.; London.

TROLL, C. & PAFFEN, K. (1964): Karte der Jahreszeitenklimate der Erde. - Erdkunde 18 (1): 5-28; Bonn.

VICENT, P.L. (1966): Les formations meubles superficielles au sud du Congo et au Cabon. - Bull. Bur. Rècherches Géol. et minières, 4: 53-111; Paris.

VOGT, J. (1966): Le complex de la stone line. - Bull. Bur. Rècherches Géol. et minieres, 4: 3-52; Paris.

WILHELMY, H. (1952): Die eiszeitliche und nacheiszeitliche Verschiebung der Klima- und Vegetationszonen in Südamerika. - Tagungsber. u. wiss. Abh., Dt. Geographentag Frankfurt a.M. 1951, 121-127; Remagen.

YOUNG, A. (1972): Slopes. - Geomorphology Texts 3: 288 S.; Edingburgh.

ZONNEVELD, J.J.S. (1968): Quaternary climatic changes in the Caribean and N. South America. - Eiszeitalter und Gegenwart 19: 203-208; Öhringen.

ZONNEVELD, J.J.S. (1975): Some problems of tropical geomorphology. - Z. Geomorph., 19: 377-392; Berlin.

Karten und Luftbilder

COMEC (Hrsg.) (1975): Topographische Karte, Geologische Karte, Vegetationskarte und Karte der Erosionsniveaus, 1:10 000, Bl. 385 Conceição dos Correias: Curitiba.

- (1979): Topographische Karte, Geologische Karte, Vegetationskarte und Karte des Erosionsniveaus, 1:10 000, Bl. 387 Ouro Fino; Curitiba.

Luftbild (1980): 50152, ITC-PR, 1:25 000
Luftbild (1980): 50153, ITC-PR, 1:25 000
Luftbild (1980): 51061, ITC-PR, 1:25 000
Luftbild (1980): 51062, ITC-PR, 1:25 000

FRANKFURTER GEOWISSENSCHAFTLICHE ARBEITEN

Herausgegeben vom Fachbereich Geowissenschaften
der
Johann Wolfgang Goethe-Universität Frankfurt a. M.

Serie D: Physische Geographie

Bisher erschienen:

Band 1   BIBUS, E. (1980): Zur Relief-, Boden- und Sedimententwicklung am
         unteren Mittelrhein.- 296 S., 50 Abb., 8 Tab.; Frankfurt a. M.
         25,-- DM

Band 2   SEMMEL, A. (1983): Landschaftsnutzung unter geowissenschaftlichen
         Aspekten in Mitteleuropa.- 2. Auflage, 84 S., 10 Abb.;
         Frankfurt a. M.
         10,-- DM

Band 3   SABEL, K. J. (1982): Ursachen und Auswirkungen bodengeographischer
         Grenzen in der Wetterau (Hessen).- 116 S., 19 Abb., 8 Tab.,
         6 Prof.; Frankfurt a. M.
         11,50 DM

Band 4   FRIED, G. (1984): Gestein, Relief und Boden im Buntsandstein-
         Odenwald.- 201 S., 57 Abb., 11 Tab.; Frankfurt a. M.
         15,-- DM

Band 5   VEIT, H. & VEIT, H. (1985): Relief, Gestein und Boden im Gebiet
         vom Conceição dos Correias (S-Brasilien).- 98 S., 18 Abb.,
         10 Tab.; Frankfurt a. M.
         17,-- DM

Bestellungen zu richten an:

Institut für Physische Geographie der Johann Wolfgang Goethe-Universität,
Senckenberganlage 36, Postfach 11 19 32, D-6000 Frankfurt am Main 11

FRANKFURTER GEOWISSENSCHAFTLICHE ARBEITEN

Herausgegeben vom Fachbereich Geowissenschaften
der
Johann Wolfgang Goethe-Universität Frankfurt a. M.

Serie A: Geologie - Paläontologie

Bisher erschienen:

Band 1   MERKEL, D. (1982): Untersuchungen zur Bildung planarer Gefüge im Kohlengebirge an ausgewählten Beispielen.- 144 S., 53 Abb.; Frankfurt a. M.
10,-- DM

Band 2   WILLEMS, H. (1982): Stratigraphie und Tektonik im Bereich der Antiklinale von Boixols-Coll de Nargó - ein Beitrag zur Geologie der Decke von Montsech (zentrale Südpyrenäen, Nordost-Spanien).- 336 S., 90 Abb., 8 Tab., 19 Taf., 2 Beil.; Frankfurt a. M.
30,-- DM

Band 3   BRAUER, R. (1983): Das Präneogen im Raum Molaoi-Talanta/SE-Lakonien (Peloponnes, Griechenland).- 284 S., 122 Abb.; Frankfurt a. M.
16,-- DM

Bestellungen zu richten an:

Geologisch-Paläontologisches Institut der Johann Wolfgang Goethe-Universität, Senckenberganlage 32 - 34, Postfach 11 19 32, D-6000 Frankfurt am Main 11

FRANKFURTER GEOWISSENSCHAFTLICHE ARBEITEN

Herausgegeben vom Fachbereich Geowissenschaften

der

Johann Wolfgang Goethe-Universität Frankfurt a. M.

Serie C: Mineralogie

Bisher erschienen:

Band 1   SCHNEIDER, G. (1984): Zur Mineralogie und Lagerstättenbildung der Mangan- und Eisenerzvorkommen des Urucum-Distriktes (Mato Grosso do Sul, Brasilien).- 205 S., 99 Abb., 9 Tab.; Frankfurt a. M.
12,-- DM

Band 2   GESSLER, R. (1984): Schwefel-Isotopenfraktionierung in wäßrigen Systemen.- 141 S., 35 Abb.; Frankfurt a. M.
9,50 DM

Band 3   SCHRECK, P. C. (1984): Geochemische Klassifikation und Petrogenese der Manganerze des Urucum-Distriktes bei Corumbá (Mato Grosso do Sul, Brasilien).- 206 S., 29 Abb., 20 Tab., 7 Taf.; Frankfurt a. M.
13,50 DM

Band 4   MARTENS, R. M. (1985): Kalorimetrische Untersuchung der kinetischen Parameter im Glastransformations-Bereich bei Gläsern im System Diopsid-Anorthit-Albit und bei einem NBS-710-Standardglas.- 177 S., 39 Abb., 30 Tab.; Frankfurt a. M.
15,-- DM

Band 5   ZEREINI, F. (1985): Sedimentpetrographie und Chemismus der Gesteine in der Phosphoritstufe (Maastricht, Oberkreide) der Phosphat-Lagerstätte von Ruseifa/Jordanien mit besonderer Berücksichtigung ihrer Uranführung.- 116 S., 11 Abb., 5 Taf., 27 Tab., 36 Anl.; Frankfurt a. M.
16,-- DM

Bestellungen zu richten an:

Institut für Geochemie, Petrologie und Lagerstättenkunde der J. W. Goethe-Universität, Senckenberganlage 32-34, Postfach 11 19 32, Frankfurt a. M. 11